大师之声
院士论科技创新

中国科学技术协会　编

中国科学技术出版社
·北京·

图书在版编目（CIP）数据

大师之声：院士论科技创新 / 中国科学技术协会编 .
—北京：中国科学技术出版社，2019.10
ISBN 978-7-5046-8375-5

I. ①大… II. ①中… III. ①科学技术—文集 IV.
① N53

中国版本图书馆 CIP 数据核字（2019）第 200085 号

策划编辑	鞠　强	
责任编辑	鞠　强	
特约编辑	徐丽娇	
装帧设计	中文天地	
责任校对	焦　宁	
责任印制	马宇晨	

出　　版	中国科学技术出版社	
发　　行	中国科学技术出版社有限公司发行部	
地　　址	北京市海淀区中关村南大街 16 号	
邮　　编	100081	
发行电话	010-62173865	
传　　真	010-62173081	
网　　址	http://www.cspbooks.com.cn	

开　　本	710mm×1000mm　1/16	
字　　数	240 千字	
印　　张	16.75	
版　　次	2019 年 10 月第 1 版	
印　　次	2019 年 10 月第 1 次印刷	
印　　刷	北京顶佳世纪印刷有限公司	
书　　号	ISBN 978-7-5046-8375-5 / N·258	
定　　价	78.00 元	

前言

　　世界正面临百年未有之大变局，人类正迎来科技文明前所未有的大发展，科技革命和产业变革与中国经济社会转型发展形成历史交汇，数字化、网络化、智能化深刻影响科技发展与治理。科技创新成为提高社会生产力和综合国力的战略支撑，深刻影响和改变国家力量对比，重塑世界经济结构和国际竞争格局。

　　以习近平同志为核心的党中央，高度重视科技创新引领社会发展的重要作用，将科技创新视为创新驱动发展战略的核心。党的十九大提出了新时代坚持和发展中国特色社会主义的战略任务，描绘了把中国建成社会主义现代化强国的宏伟蓝图。在实现"两个一百年"奋斗目标与中华民族伟大复兴中国梦的历史进程中，我们比以往任何时候都更加需要强大的科技创新力量。

　　全部科技史证明，谁拥有了一流创新人才、拥有了一流科学家，谁就能在科技创新中占据优势。中国拥有9100万科技工作者，中国科学院院士、中国工程院院士是其中最杰出的代表。长期以来，两院院士怀着强烈的爱国热情和神圣的历史使命，以专业的科学精神和精深的学术造诣，奋战在科学探索与技术变革的最前沿，为中国科技事业的发展作出了彪炳史册的重大贡献，是"国家的财富、人民的骄傲、民族的光荣"。

两院院士对科技创新的贡献，既体现在丰硕的科技成果上，也体现在对科技事业的深刻思考、独到见解与真诚建言上。2004 年，《科技导报》设立了"卷首语"专栏，每期约请一位院士就科技界某一学术热点问题或某种现象、个人所在学科的研究动态及发展趋势发表个人见解，撰写评论性或寄语性文章。这个栏目一经刊出，就得到了两院院士的鼎力支持。目前已刊登卷首语文章 400 余篇，已成为两院院士弘扬科学精神、传播科技进展、贡献科学建言的重要平台。

不忘初心，方得始终。在中华人民共和国成立 70 周年之际，科技导报社精选 2013 年以来发表在《科技导报》卷首语栏目的 70 篇文章，以科学精神、科学思辨、前沿热点、科技进展、科技建言、科技传播 6 个篇章，每章按照学科分类顺序，集结成《大师之声：院士论科技创新》一书。文以载道。这些文章从科学家的独有视角出发，既有对科学发展历程的如数家珍，也有对当前科技现状的秉笔直书，更有对年轻科技工作者的肺腑之言，展现出两院院士科技报国的拳拳之心、勇于攀登科学高峰的凌云壮志，字字玑珠、篇篇锦绣，充分展现出科技工作者的品质之美、气质之美、精神之美。时光荏苒，岁月递嬗，这种崇高的科学家精神始终薪火相传并愈加焕发出勃勃生机，在过去和未来，都鼓舞激励着一代又一代科技工作者奋勇向前。

值此新中国 70 华诞来临之际，谨以此书为共和国的生日献上最真挚、最热忱的祝福。在向世界科技强国进军的伟大征途中，以两院院士为代表的广大科技工作者，已经发挥并将继续发挥重要作用。中国科协作为党领导下的人民团体、科技工作者的群众组织，将进一步彰显科学精神在科技创新大变局中的价值引领力，不断拓展和加强联系科技工作者广度、深度、温度，真心诚意地为广大科技工作者服务，把人才第一资源的潜在势能转化为高质量发展的实际动能，激发创新第一动力，实现发展第一要务，更好地把广大科技工作者凝聚在党的旗帜下，凝聚在爱国奋斗的伟大实践中，最大限度地组织动员广大科技工作者，投身建设世界科技强国，以优异成绩向中华人民共和国成立 70 周年献礼，为全面建成小康社会、实现中华民族伟大复兴的中国梦作出新贡献。

科技导报社

2019 年 9 月

目录

第三章 前沿热点

第四章 科技进展

第五章 科技建言

第六章　科技传播

第一章

科 学 精 神

"科学精神"共选取 10 篇文章，展现在创新型国家建设的伟大征程中，以两院院士为代表的广大科技工作者迎接新时代、履行新使命，矢志不渝、奋力谱写创新发展新篇章的科学精神。

段宝岩，电子机械工程专家，中国工程院院士。西安电子科技大学机电工程学院教授。曾任西安电子科技大学校长。主要研究方向为交叉学科－电子装备机电耦合技术等。

做有品位的科学研究

段宝岩

　　科学研究工作是一项创造性很强的脑力劳动，是认知、思考、实践、验证等多环节的复杂运行过程，其结果或是得到新的发现，或是导出新的结论（定理），或是突破新的关键技术等，代表着人类对客观世界本质、规律的把握和探知。致力于科学研究的人，应该做有深度、有探索、有品位的研究。

1　科学研究应该有深度、有探索、有品位

　　科学研究工作主要包括基础研究、应用基础研究以及应用技术研究，主要是针对研究的需求、侧重与方向，选择不同的研究方法，形成各具特色的研究类型。研究类型不分高低，但有价值、有意义、有创新的研

究更需要有深度、有探索、有品位的艰难攻关与长期坚守。

第一，有深度的研究。有深度的研究是"透过现象抓本质"的研究。科学史上，从牛顿经典力学到量子力学，从狭义相对论到广义相对论，针对物质世界表象背后的本质探寻，始终是一个不断挖掘、不断深化的过程。有深度的研究，往往能抓住事物的本质规律，提炼概括出基础、共性问题的关键点，善于并擅长立足工程向基础问题追根溯源，在提出问题时能用数学手段简洁而深刻地表达问题和推理，就像麦克斯韦方程、纳维－斯托克斯方程以及拉梅弹性力学方程那样，将诸多复杂现象背后深处的基础问题，用简明的数学形式表达出来，进而指导工程实践，推动工程技术的进步。

第二，有探索的研究。有探索的研究，是不断发现、深究细微的研究。事物的本质往往隐藏在细微之处、不经意间，用心者、细心者、坚守者才有幸得以发现。居里夫人发现镭元素、亚历山大·弗莱明发现青霉素、乔瑟琳·贝尔发现脉冲星，这些事例说明看似在不经意间捕捉到的偶然机遇，背后恰恰是长期坚持不懈的深厚积累和倾心关注。有探索的研究，更需要持之以恒的毅力和定力，善于捕捉稍纵即逝的机遇，潜心探索细微之处、奇异之象，深钻、挖掘未知的存在与真实的本质。

第三，有品位的研究。有品位的研究，是独立思考、超越自我的研究。科研的创新在于独立、质疑、投入、发展，是对真理的不懈追求和执着坚持，是对站位顶峰、立足前沿、栉风沐雨、卓尔不群的独特学术品质的彰显，而不是人云亦云、趋名附利、盲目苟同、随波逐流。有品位的研究是独立、超越自我的，是高雅、令人陶醉的，是乐此不疲、寓研于乐的，是自找"麻烦"、自讨"苦吃"的，是高层次的研究。

2 对大学开展科学研究的思考

大学的研究以基础研究、应用基础研究为主，在开展一般研究的同时，应结合创新发展的迫切需求，做好有深度、有探索、有品位的研究。首先，定位要高。善于瞄准国家急需、世界前沿、热点难点的方向和领域，以解决重大基础科学问题、工程发展瓶颈理论、关键核心技术等为引领，敢于挑重担、破难题、创一流。其次，研究要实。善于打破按部就班地完成项目、课题的框架，突破思维、解放思想，主动出击、敢为人先，不满足于数值试验结果，不停留在研究课题表面，而是深度发现、挖掘研究中出现的各种现象，将研究、计算及实验过程中出现的奇异或奇怪现象视为机遇，总结提炼所得结果背后的数学物理本质，追踪现象背后的前因后果，追求新的发现。最后，工作要久。科研往往是"十年磨一剑"的十分艰难的过程，明确的方向、持久的目标是产生大成果的必备基础，大量艰辛、艰难、寂寞、枯燥的琐碎工作才是研究的真实内涵，做有深度、有探索、有品位的研究，要沉得下心、静得住神，在平凡寂寞中发现、创造出不平凡的成果。

（原文发表于《科技导报》2019 年第 4 期）

王阳元，微电子学家，中国科学院院士。现任北京大学信息科学技术学院教授，微电子学研究院首席科学家。主要研究方向为微电子学领域中新器件、新工艺和新结构电路。

创新镌刻青史，探索孕育未来

王阳元

1958 年，杰克·基尔比（Jack Kilby）在分析元器件小型化的研制过程中，认识到继续沿着原有小型化路线走下去没有出路，只有将主动元件和被动元件集成在一块半导体上，形成互连，才是性能/成本高的小型化道路。基尔比的创新思维与实践直接导致了集成电路的发明。

60 年来，在不断增长的需求拉动和不断创新的技术推动下，集成电路和在其上运行的软件，满足了人们对信息获取、信息存储、信息处理、信息传输和信息执行的各种愿望。集成电路已经成为信息产业和信息社会发展的重要基础，成为推动经济高质量发展的驱动器和保卫国家安全不可或缺的屏障。"可上九天揽月"的"神舟号"飞船，"可下五洋捉鳖"的"蛟龙号"载人潜水器，风驰电掣的"复兴号"高铁，蜿蜒逶迤的港珠澳大桥，方便快捷的网购，人手一部的智能手机，集成电路无处不在，正在改变人类社会的生产方式和生活方式。

集成电路的发展史是一部不断创新的历史，设计工具、设计方法、生产工艺、专用设备、专用材料以及应用系统的创新，在人类社会前进的历程中留下了一个个清晰的足迹，构成了信息时代的宏伟篇章。第一个集成电路专利，其结构仅仅由 5 个元器件组成；如今，在 1 平方厘米的硅片上，已经可以集成几十亿个晶体管。

任何事物的发展都有自身规律可循，集成电路产业发展特别要强调的规律性如下。

第一，集成电路具有战略性和市场性的双重特征。战略核武器的数量为 $10^1 \sim 10^2$，而一条集成电路生产线的年产量为 $10^9 \sim 10^{10}$ 数量级。如果没有庞大的市场需求和系统应用，集成电路生产线无法保证正常运转。

第二，资金的密集和持续投入。世界集成电路前三强企业每年的资本支出均在 100 亿美元左右，因此要运用国家意志，集中优势资源，不能"一拥而上"，也不可能要求资本有快速回报。

第三，人才是发展集成电路产业的根本。人才的规模和质量决定了产业的规模和质量。要创造延揽、培养、留住人才的环境，构建人才体制机制的创新体系。相应的教育体系、教材、课程设置、教学方法要进行一系列深化改革。

第四，集成电路从研发到批量生产大约需要 10 年的时间，10 年左右取得一代技术进步，因此必须增加技术积累，提前 10 年部署基础研究，切不可急功近利。

第五，集成电路产业是需要千种设备、万种材料的国际性产业，要加强在资本、技术、人才等各方面的国际合作。

今天，集成电路技术已经进入"后摩尔"时代。未来集成电路产业和科学技术发展的驱动力是降低功耗，不仅以提高集成度（减小特征尺寸）为节点，更以提高性能／功耗／成本比为标尺。

中国集成电路产业起步于 20 世纪 60 年代中期，但囿于计划经济体制的藩篱、国外的技术封锁和市场围剿，至 20 世纪 90 年代末，发展一直迟缓。进入 21 世纪，中国集成电路产业进入规范发展阶段。党的十八大以来，中国集成电路产业开始进入高速发展时期，部分企业进入了世界排名前十，部分产品和设备打入了国际市场。但是，相对于占世界市场 1/2 的中国集成电路市场而言，中国集成电路产业尚不能满足各行各业的需求，高端产品仍受到国际市场的制约。因此，为加速发展中国集成电路产业，需要在企业改革、技术创新、市场拓展、人才培养等各个领域，在集成电路产业链和生态链的建设中不断探索。我们有理由相信，在这些有益的探索中，必将孕育着中国集成电路产业光明的未来。

1820 年，中国 GDP 总额占世界的 32.9%。1840 年鸦片战争后，中国的经济总量开始下降。2010 年，中国经济总量超过日本，成为世界第二大经济体。这一"马鞍形"的变化，表明中华民族正在信息社会的发展中实现伟大复兴。

2018 年 5 月 28 日，习近平总书记在中国科学院第十九次院士大会、中国工程院第十四次院士大会上的讲话中指出："我们必须清醒认识到，有的历史性交汇期可能产生同频共振，有的历史性交汇期也可能擦肩而过。"中国的集成电路产业正处在工业时代和信息时代的历史性交汇期，我热切地希望中国集成电路产业能与这一关键的历史时期产生同频共振，用集成电路的创新作为基石，铺设中华民族伟大复兴之路。

（原文发表于《科技导报》2019 年第 3 期）

赵宇亮，化学家，中国科学院院士。现任国家纳米科学中心主任。主要研究方向为纳米材料生物效应与安全性、纳米药物。

阻碍中国科技创新的"玻璃墙"

赵宇亮

　　回顾 400 年科技发展的历史，从事过科学研究的人，以数十亿计，而真正使人类社会发生变革的科学家，仅数百人。中国现有超过 9000 万人的庞大科研队伍，做到世界科技领先并非难事。但是，这需要国家创造一个宽松的科学研究环境，保障一批志存高远的创造者能够安心静心、专心精心地从事科技创新工作；建立一种有效且持久的管理和激励机制，让资本为科技创新服务，科技为经济质量服务，经济为人民生活服务。形成这样的良性循环，科技强国、民族复兴，就有希望。

　　在党的十九大提出的七大发展战略中，"科教兴国"居首。目前，中国科技创新能力虽然发生了天翻地覆的变化，但是与世界科技强国相比，整体差距仍然很大，中国科研人员的辛勤劳动付出与科技创新效能还不成正比。影响中国科技创新能力的表面因素可能很多，但要因不多。

1　社会文化因素：科学精神不足、科学积累有限，限制了科技创新

科学源于思想，没有新思想的指引就不可能有科学技术创新。客观上，与欧洲 400 年持续不断的科技积累相比，中国真正意义上不间断地大力发展现代科学技术仅有 40 年，科学积累有限。"积累"不只是看得见的科学数据、科技成果，更主要的是科学思想、科学精神、科学思维以及创新理念、创新文化、创新环境等内在本质方面的积累和传承。在科技发达国家，这些理念的本质已经流淌在科研者和管理者的血液里，但中国至今仍然没有形成适合创新的优良环境。例如，长期以来，包括科技管理在内的所有管理方式，基本停留在"管人"而非"管理"的阶段，没有具备变革性科技创新和快速发展所需的服务型管理理念。科技管理的本质是为科研人员理顺各种关系，为他们营造更加安心专心、静心精心于科学研究的环境氛围，这样才能促进科技创新工作的顺利进行，提升科技创新的效能。

2　学者品位因素："一年磨十剑"与"十年磨一剑"不能一概而论

针对科学发现的前沿基础研究，需要研究者跑得越快越好，追求的是"最快"，因此速度很关键，有时的确需要"一年磨十剑"才能先人一步。然而，针对技术创新转化的应用研究，需要研究者跑得越稳越好，追求的是"最好"，因此质量很关键，常常需要"十年磨一剑"才能"一剑破壁"。

学术界一直在这两者的孰是孰非之间纠结不断，其实两者都是需要的，关键是看什么类型的研究。当然，对于基础研究，不应该鼓励跟在

别人后面"仿造剑"的思维方式。不可否认，中国现行的科技评价和人才评价的基本思路，对中国科技过去 30 年的发展产生了重要作用，同时却也形成了"翻造""模仿""跟跑"型研究风气。但是，现在这个阶段基本可以结束了，"原创"成为新时代的要求。

此外，使用评价基础科学研究的（论文）指标去评价其他领域（如工程、技术、教师、医生等）的研究，已经成为阻碍这些领域发展的要因。中国建立符合科学特点的实事求是的分类评价方法，尤为迫切。

❸ 政府管理因素：科技创新，无法在缺乏相互信任的环境中实现

中国科技创新的良性发展需要充满信任的宽容环境。如果不信任管理者，管理者就不敢担当；不信任科学家，科学家就不敢去做有难度、有风险的研究课题。

中国的管理时常以"个案"否定"整体"，这对创新生态的破坏力极强。如果科学家都"不求有功，但求无过"，国家的创新能力何来？中国学术界的主流是勤奋努力的，如果发现学术不端行为，应该严惩"犯事者"，而不是牵连所在单位领导、相关的科技管理者，更不要株连整个学术界，除非有证据证明共谋者。一旦采取类似"株连九族"的封建管理思路，为了自保，各地区、机构、单位、部门只会层层设法为"犯事者"开脱，让大事化小、小事化了。因为保护"犯事者"就是保护管理者自己，这无疑成为恶性循环的源头。

❹ 生存压力因素：生存压力过大，导致创新能力下降

中国的科研资助体系存在过度市场竞争，致使科研人员压力很大。科学创新必须先有思想才有科学，思想来自深思，深思需要静心，静心

源于宽松环境，而过分的压力就不利于宽松环境的营造。在中国，住房购租、配偶工作、孩子上学等现实问题，一直是创造力最强、创新能力最旺盛的青年学者们面临的巨大生存压力。科研创新需要"科学家内心对科学发现的期盼和对技术卓越追求"的内在压力，而不是来自外部环境的生存压力。

（原文发表于《科技导报》2018 年第 16 期）

路甬祥，流体传动与控制专家，中国科学院院士、中国工程院院士。现任中国科学院学部主席团名誉主席。曾任浙江大学校长、中国科协副主席、中国科学院院长、全国人大常委会副委员长。主要研究方向为流体传动及控制技术研究。

科技与产业创新的大趋势
中国创新发展的新时代

路甬祥

　　科学是对自然界和客观规律的认知，研究成果接受国际同行的评价，也必须接受实验反复验证和时间的检验。技术是人类创新生产方式和创造美好生活的方式方法和工具，必须接受应用的检验、市场的选择以及竞争和时间的考验。科技创新没有边界，也永无止境。兴趣、好奇心和质疑精神是知识创新的永恒动力，对美好生活的追求爱好、想象力和创造力是技术发展的原动力，社会需求和市场竞争是工程技术与产业创新的根本动力。

1 科技创新产业变革大趋势

科学创新知识，技术创新方法与工具，科技创新推动产业变革，引领人类社会文明进化。

20世纪80年代以来，网络信息、材料能源、先进制造、生物医药等科技日新月异，科技创新与产业变革呈现新的发展趋势。国家在稳定支持基础研究与前沿技术探索创新的同时，对于人类共同关注的重大科学问题和关系国家发展的关键战略高技术，选择支持或参与国际合作建设大科学装置合作研究，或组织重大科技专项工程实现突破；大学、研究所和国家实验室在知识传播、基础前沿研究、人才培养、共性和战略高技术创新方面继续发挥骨干作用；学科间深度交叉融合，基础研究与前沿技术创新相互促进，70%以上的基础前沿研究与制造服务业创新相关；知识技术通过设计制造服务和业态创新转化为应用和实现产业变革的速率加快。同时，设计制造、生物医药、信息网络企业等成为工程技术与产业创新主体，"产学研用金"协同创新成为有效途径；信息网络成为共创分享新平台，大数据成为最有价值的可分享的创新资源，创新链、产业链成为国家工程技术创新生态优势和产业竞争力的重要基础；在大企业继续发挥技术与产业创新核心支柱作用的同时，中小创新企业成为新技术、新产业和新业态最具活力的创新主体，青年创新创业人才突破引领新兴科技产业成为常态；新一代信息网络、清洁能源体系、新能源汽车、快捷共享交通物流基础设施、医药与大健康、生态环境监测保护、国防与公共安全等成为带动工程技术创新的强大动力；万物互联、大数据、新一代人工智能、免疫与基因科技创新与应用、网络平台等将变革已有的生产生活和社会治理服务方式、公共与国防安全格局，并为人类免疫保健和个性化精准普惠医疗、地球生态环境保护、人类文明可持续发展提供新支撑，也将带来网络信息安全、国家主权、个人隐私、社会伦理和生态安全等新挑战。

② 中国进入创新驱动发展的新时代

党的十九大开启中国高质量发展新阶段。以供给侧结构改革为主线，提高质量效益为中心，加快实现质量效率动力变革，着力解决发展不平衡不充分的问题，适应人民不断增长的消费需求。绿色发展、创新发展，建设制造强国、智慧城市、健康中国、美丽中国，科技兴军和"一带一路"倡议等赋予中国科技与产业新的历史使命。以习近平同志为核心的党中央确立建设世界科技创新强国的宏伟目标，将科技视为创新驱动发展的第一动力，加大科技投入，深化科技体制改革，培育吸引创新人才，优化创新环境，倡导"大众创业，万众创新"。2017年，中国研发投入1.7万亿元，居世界第2位，投入强度达到2.13%。发表科技论文和专利申请的数量及质量快速提升，中国高铁、能源电力、北斗导航、中国航天、超级计算机、量子通信等创新发展举世瞩目。华为、小米、阿里、腾讯等创新企业快速崛起，中国已成为举世瞩目的科技与产业创新大国。但也必须看到，从影响世界的重大科学原创、基础核心前沿技术创新、引领世界的创新设计、主导行业的国际龙头企业和著名品牌等衡量，中国还不是创新强国。高端集成电路、航空发动机、工业机器人、先进医疗设备与科学仪器、操作系统和设计软件等仍严重依赖进口。我们必须进一步提升对基础前沿研究投入的比重，稳定支持基础科学和前沿技术的自由探索和知识技术原创，支持科学技术与工程基础理论、基础数据、科学方法、新技术标准与测试方法、科学仪器与医疗诊断治疗设备技术的创新。支持中国科学家提出、主导或参与引领世界的大科学工程和多学科实验研究平台建设。聚焦重要科技领域和战略高技术目标，组建规模更大、更加综合的国家实验室，组织实施一批战略目标明确的重大科技工程。大幅提升国际科技基础前沿研究交流合作的规模、质量和水平。厚植中国科技与产业创新的知识和技术基础。支持以市场为导向、企业为主体的"产学研用金"协同的工程技术创新，加快知识技术转化应用。

中国传统产业将实施新一轮技术改造，加快升级，重点发展新一代信息技术产业、高端制造、航空航天、清洁能源、新材料、新能源汽车、生物医药等战略新兴产业。对制造业和高科技产业实行税收和投融资等政策优惠，降低企业交易成本以及物流和融资成本，支持"专精特优"中小制造企业发展。国家先后推出《互联网＋》《国家大数据发展》和《新一代人工智能》等发展战略与规划，并促进与制造业融合发展。全面实施《中国制造 2025》，着力推进强基提质、绿色智能和服务型制造，鼓励支持创新设计，全面提升制造业数字化、网络化、智能化、绿色化水平，加快向中国创造、中国质量、中国品牌转变。这是中国创新驱动高质量发展，适应人民高品质、个性化、多样化消费需求增长的必由之路，也是建设现代化强国、保障经济和国家安全的产业基石，必将使中国与全球产业创新合作提升至新水平。中国正面临全球科技与产业变革和中国创新驱动高质量发展的历史新机遇，充分发挥中国制度优势和创新人才、市场及信息网络的规模优势，扩大开放、深化改革、激励创新，将为现代化强国建设提供更多、更好、更坚实的原创性知识源泉和前沿性、突破性、颠覆性、引领性创新技术及产业变革支持，为人类文明进步作出新时代中华民族的创新贡献。

（原文发表于《科技导报》2018 年第 11 期）

柴之芳，放射化学家，中国科学院院士。中国科学院高能物理研究所研究员、苏州大学放射医学与防护学院教授。主要研究方向为放射化学和放射医学。

科学研究是一项公益事业

柴之芳

科学研究以认识世界、探索世界、改造世界为目的，具有强烈的创新性。能进入科学殿堂从事科学研究这项事业的人是十分幸运的。然而从社会分工讲，科学研究则是一项公益活动，从事这项公益活动的科学家应当清醒认识到，我们的一切科学活动都是由广大纳税人支持的。因此，科学研究不是一项谋私利的职业，我们的科研成果必须回报社会、回报人类。

作为从事这项公益活动的人，应当具有科学的头脑、优雅的举止、高尚的情操和宽阔的胸怀，更要有一颗善良的心。要善待师长，善待同行，善待后辈，善待科学。

科学是实在的、质朴的。科学研究不是一个任人打扮的小孩，更容不得任何造假和虚构。我们要鄙弃不求甚解的学风，提倡实事求是、与时俱进。我们不要被纷纷扰扰的外部世界所迷惑，不要为众多的"百人""千人""万人""长江""杰青""优青"等头衔所动。有志于科学研究的人要安心、要清净、要踏实。每位从事科学研究的人都期望出成果、出具有重大原创性的成果，或者希望自己的成果能造福人类，为国家安全和经济发展做贡献。

从事科研活动有以下四项基本原则。

第一，研究工作应以科学为基础，以目标为导向。换句话说，就是科学研究要顶天立地。我们选择的研究方向最好是处于重大科学问题探索和国家重大需求的交汇点上。

第二，创新性和想象力。想象力是创新的基础和源泉。爱因斯坦在《论科学》一文中指出："想象力比知识更重要，因为知识是有限的，而想象力概括着世界上的一切，推动着进步，并且是知识进化的源泉。严格说，想象力是科学研究中的实在因素。"如果说知识代表着过去，想象力则代表着未来，没有想象力就没有科学的未来。

第三，"工欲善其事，必先利其器"。俗话说，"磨刀不误砍柴工"，就是这个意思。没有先进的仪器和方法，是无法作出重大原创性成果的。中国的科学研究高度依赖国外仪器的情况现在虽然正在改变，但仍十分严重，已成为制约中国攀登科学顶峰的一个瓶颈。

第四，交叉学科是创新的源泉。当前的科学发展态势是学科界线逐渐淡化，学科相互融合日益显著。新的生长点往往产生于学科的交叉点中。据统计，诺贝尔奖获得者中有一半以上具有交叉学科背景，这就是一个证明。然而中国的科研体制、科研机构、科研评价、科研活动等仍不同程度地受到传统科学分工的束缚。我们亟须组织多学科高度交叉的国家实验室，这是中国科学研究实现国际领跑的组织保障。

（原文发表于《科技导报》2017 年第 1 期）

闵恩泽，石油化工催化剂专家，中国科学院院士，中国工程院院士，第三世界科学院院士。曾任中国石油化工有限公司石油化工科学研究院高级顾问。主要研究方向为石油炼制催化剂制造技术。

创新驱动发展，建设创新型国家

闵恩泽

中国要建立创新型国家，以创新驱动发展，自主创新具有重要意义。

自主创新分为技术革新、原始创新和创造发明。技术革新是在原有技术基础上的改进，广泛开展技术革新，积少成多，也会对整体技术发展带来较大促进作用。

原始创新必须改变技术的科学知识基础，如我们日常生活中的电视机由阴极射线管发展为液晶电视、照相机由胶卷照相发展为数码照相机等。在石油化工领域，重油催化裂化催化剂由无定型硅铝发展为结晶硅铝的分子筛，大幅度提高了转化率，增加了汽油产量；加氢催化剂雷尼镍中的晶态镍发展为非晶态镍，也大幅度提高了加氢活性。

技术发明是要推出一项前所未有的技术，如尽人皆知的爱迪生发明电灯；近年开发的替代能源，如风力发电、光伏电池太阳能发电、微藻生物柴油均属世界上前所未有的发明。

原始创新和发明构思的形成渠道是多种多样和十分广阔的。回顾石油炼制和石油化工技术创新和发明案例，新构思形成的途径有：受文献启发和交流讨论，如分子筛裂化催化剂的发明；移植其他学科的知识，如铂重整工艺的发明；实验中的意外发现，如异丁烷／丁烯烷基化；已有科学知识的新应用，如喷气燃料缓和临氢脱硫醇新工艺；其他行业会议的收获，如累托石层柱分子筛；此外，还有国外专利的启发、学术交流讨论的启发等。所以创新发明新构思形成的道路十分广阔，真是"条条道路通罗马"，条条道路通创新、发明。它的形成还要靠多学习，多实践，日积月累，同时也要靠多交流、多讨论，依靠集体智慧。

中国著名数学家华罗庚讲过："如果说科学上的发现有什么偶然的机遇的话，那么这种偶然的机遇只能给那些学有素养的人，给那些善于思考的人，给那些具有锲而不舍的精神的人，而不会给懒汉。"所以勤奋坚持，才能创新。

《西游记》的主题歌里面有两种精神：一种是"你挑着担，我牵着马"的各尽所能的团队精神；另一种是"迎来日出送走晚霞。踏平坎坷成大道，斗罢艰险又出发""翻山涉水两肩霜花，风云雷电任叱咤"和"一番番春秋冬夏，一场场甜酸苦辣"的坚持到底的精神。这就是我们走自主创新之路、攀登科技高峰的精神支柱。

基于近代学者王国维提出的"学问三境界"，中国工程院院士、北京理工大学教授周立伟提出了"创造四境界"的论述。

第一境界：昨夜西风凋碧树。独上高楼，望尽天涯路。科研的准备阶段：迎着困难，勇于攀登，高瞻远瞩，苦苦思索。

第二境界：衣带渐宽终不悔，为伊消得人憔悴。科研的探索阶段：追求真理，百折不挠，无论多大挫折，终不后退，冥思苦想，孜孜以求。

第三境界：众里寻他千百度，蓦然回首，那人却在，灯火阑珊处。科研豁朗阶段：几经艰苦奋斗，突然受到启发，恍然大悟，茅塞顿开，灵感突现。

第四境界：行到水穷处，坐看云起时。科研的验证阶段：实践检验、理论升华，创造性思维豁然贯通，仅是端倪初露，尚要验证、发展和加工扬弃。

在 2005 年"非晶态合金催化剂和磁稳定床反应工艺的创新与集成"获得国家科学技术发明一等奖后，我也回味了 20 年来的酸甜苦辣，我的感受是：

市场需求、好奇驱动、苦苦思索、趣味无穷；

灵感突现、豁然开朗、发现创新、十分快乐；

高兴之余、烦恼又起、或为人员、或为条件；

还有试验挫折，好似吃"麻辣烫"，又辣又爱，坚持下去，终获成果。

展望未来，我们要鼓励原始创新，更要鼓励发明。要敢于想前人所未想，善于做前人所未做。要营造宽松的创新环境，不以成败论英雄，鼓励发奋坚持。最后，还是要以企业为创新基地，将成果转化为生产力，取得社会经济效益，从而富强国家、惠及人民。

（原文发表于《科技导报》2014 年第 32 期）

杨文采，地球物理学家，中国科学院院士。现任中国地质科学院地质研究所研究员。主要从事地学、资源勘探方法等方面的研究。

谈科技发展和研发的同步

杨文采

　　科学、技术、发明和研发是人人都知道的名词，不过不同的人对其内涵的认知可能有所差别，深入讨论一下或许是有益的，我想谈谈自己的理解。

　　科学是人对客观世界发生和发展内在规律的认知，这种认知必须建立在取得共识的基础之上，因此科学是属于全人类的，没有知识产权；技术是人为改善自身生存或工作环境而对客观世界进行改造的能力，这种能力依靠个人或团体的智力，因此可以体现为有知识产权的精神产品，以专利形式体现，所有权属于技术开发者，并且可以在技术市场上流通。发明是人类为改善生存或工作环境而应用技术创造的新产品，它可以在市场上流通。

　　将上述理念推延可知，客观世界发生和发展的内在规律称为科学理论。对科学理论的探索称为科学研究。广义的科学研究包括应用基础研究，即：将理论上的发现应用于改善人类生存或工作环境的探索。科学研究的成果称为发现。科学发现的总和称为知识。人类共同拥有的知识宝库主要由公开发行的论文和专著组成，还包括标本、音像等实物，图书馆、博物馆和实验室都属于人类共有的知识展馆。

科学在现代是技术和重大发明的主要源泉，而在古代，技术和重大发明的主要源泉则是人类经验的积累。可见，科学和经验都是技术和发明的源泉，只不过由于技术的迅速发展，在现代不靠理论指导而只靠经验已经很难有所发明。因此，现在所有国家都把开展科学研究作为公共事业中不可缺少的一部分，并且由政府投入开展科学研究的资金。

要想在科学理论上有重大发现难度极大，并且也不能直接使世界发生变化，只有在科学理论转化为技术之后才能对世界有所改变。在某个新学科分支的理论框架尚未搭建成功之时，科学研究是当务之急、重中之重，而当理论框架搭建成功之后，应用基础研究就成为众望所归，接踵而来的是技术发明"遍地开花"。

重大发明有赖于新技术的出现和普及，而新技术的出现来源于科学理论的突破。从新的科学理念出发到实现发明的全过程称为研发。今天，研发已成为现代企业生存发展的生命线，当代世界的改变也主要靠研发促进。但是，科技只是研发系统中的部分环节，发展科技不等于完成研发。研发的组织必须有一个包含科学研究、应用基础研究、技术开发、新产品研制、新产品市场化等所有环节紧密连结的链条，才能高效地取得研发成果。这其中，科学研究和应用基础研究属于上游，其主体是大学和研究所；技术开发、新产品研制和新产品市场化是下游，它们的主体则是企业，收益也属于企业。在西方，企业联合起来与大学或研究所合作，由企业资助上游的应用基础研究，并且使用大学和研究所提供的资源，优先享用上游研究成果。如此，上下游形成了紧密连结的研发链条，既可促进它们的快速发展，又能够高效地研制出新产品，形成具有良性循环的发展科技的好机制。

一个国家当前的经济实力可以通过 GDP 看出，而未来的经济实力则要看研发能力。中国还没有形成促进研发的完善机制和指导研发收益合理分配的政策法规，这是令人担忧的。在中国，大多数大学和研究所的研究靠国家支持。因为私有企业研发资金缺乏，无力支持上游研究；而国有大企业虽然不缺乏研发资金，但认为上游研究会有国家支持，再加上上游的研究出成果周期长，而国企领导任期有限，所以对投资上游研究既不关心也不热心。因此，中国促进研发的链条常常脱节，造成原始创新发明的缺乏和一些关键技术的落后。这种状况十分不利于国家经济的长远发展，如何从政策上促进研发链条的紧密连结，形成良性循环发展科技的好机制，值得科技管理有关部门认真思考。在我看来，规定国企利润中投入上游研究的比例，以及考核国企领导的研发业绩等措施，都可以促进具有良性循环的研发机制的形成。

（原文发表于《科技导报》2014 年第 7 期）

汪品先，海洋地质学家，中国科学院院士。同济大学海洋与地球科学学院教授。主要研究方向为海洋地质、古气候学和微体古生物学等。

治理科学界的精神环境污染

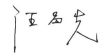

"发展不能以污染环境为代价"。这句话本来指的是经济发展，没有料到，现在这话居然也适用于科学发展。

无论是横向上与世界各国对比，还是纵向上和任何历史时期对比，现在中国的科学发展都是处于黄金时期。中国不仅以科学队伍之大、科学论文之多进入世界前列，而且高引用率的文章也开始名列前茅。中国科技的发展赢来了世界各国的赞誉和尊重；但另一方面，与之俱来的却还有科学界精神环境的污染。

改革开放初期发展乡镇企业，往往就是从污染环境的行业起步的。GDP 上去了，山清水秀的环境却慢慢消失了。不少大城市发展过程中出现雾霾，也属同一类现象。令人困惑的是，科学的快速发展居然也会产生环境问题，不过不是生态环境，而是精神环境。其实道理是一样的：

饥不择食。急于提升 GDP 就会不顾环境；急于在本地发展科学、建设学科，也会对采取什么途径无所顾忌，尤其不会顾忌对科学界道德水平有什么恶性影响，但是这种恶性影响的表现却比比皆是。

一种表现是，在学术界金钱的作用不适当地高涨。科研经费投入的增加、科学人才生活水准的保障，正是这些年来科学发展的基础，无可厚非。但如果忽视精神因素、一味突出金钱，按照论文数量甚至于将论文数目乘以影响因子发奖金，那就可能使学术变味，产生误导效应。更大的问题还不在奖金，因为学生毕业、教师晋升全要靠文章，于是捉刀代笔、代撰写、代发表的论文黑市也应运而生，并且已经在向国外蔓延。近来出现的"新事物"是学术界高价"挖人"的现象。正当国企领导者们削减年薪的时候，一些学术单位"挖人"的价格却一路飙升，个别地方到了令人瞠目的地步。有的地方为了高速度进行学科建设，选择了超越常规的办法招募人才，以为高楼大厦加上高价人才，就能将学科建设送上高速公路。其实学科建设是有自身规律的，科学史上很少听说有靠金钱堆起来的学科"暴发户"。再说读书人在历史上也是有骨气的，当年陶渊明不为五斗米折腰、朱自清不吃美国救济粮，讲究的就是"气节"二字。假如把学者当成待价而沽的商品，那就和科学精神背道而驰。与当年志愿"到最艰苦地方去"的毕业生相比，差距何止千里。人才工作商品化，其后果是严重的。本来是一种荣誉的头衔，现在成了商品分档的标准，院士有院士的"价码"，"杰青"有"杰青"的"行情"。既然头衔的价值如此金贵，客观上就驱使一批单位与个人不惜工本去打造院士工程和"杰青"工程。

科学界道德水平下降的另一种表现，在于专家评审中非科学因素的剧增。专家评审，是科学评价系统中的一种基本形式，长期以来通行于国内外，在科研立项、成果评价、人事聘用、晋升奖励等方面广泛使用，而选择评审专家的基本原则一是专业上的权威性，二是具有客观公正的评审态度，能够坚持科学标准。但是近年来出现的"新事物"，却是被评审的单位或个人，会寻找各种途径向评审专家"打招呼"，轻则采用语言方式托人求情，重则动用物质力量将评审人预先"摆平"。采用的形式也不断创新，如果待评审的目标重大，那么几年前被评审人就未雨绸缪，请潜在的评审人光临"指导"等。

更加使人吃惊的是，有的地方"打招呼"之风已经演变成为"正常"状态，不"打招呼"反而成为"异类"，被评审人会被评委怀疑是不是"心虚"。一旦评审过程变质到如此地步，如何还能指望其遵循客观的科学标准？

对于科学界的精神建设，多年来我们没少加以注意，各种道德委员会、自律条例应有尽有。但是就和环境污染有"隐""显"的不同类似——对于河水发臭、大气雾霾人们有目共睹，而 DDT 等杀虫剂的环境污染在 50 年前只有个别人提出警告——科学界的精神污染也如此，对于论文抄袭、研究成果作假的现象人人喊打，而学术风气的败坏却被认为是"人之常情"，被人视而不见，提及也只是摇头叹气而已。

环境治理的关键在于防堵污染源，而科学界的"污染源"在很大程度上正是我们科学界同仁自身。因为我们自己制定的制度本身就可能产生污染，其中包括一些不恰当的政策举措和评价标准。不合理的高薪或者刺激论文高产的政策，源于我们操之过急的学科建设目标；对于 SCI 论文的片面要求，则出自人事管理中的规定，比如临床医生的职称晋升也都要"写"论文，招聘合同上规定拿多少工资要出多少篇论文。至于一些追求"头衔"的工程，只要将"头衔"和金钱脱钩、釜底抽薪，"头衔"就会自然降温、回归到原来的荣誉性质，正所谓"解铃还须系铃人"。

我相信环境是可以治理的，比如联合国为了避免工业产品中的氟氯碳化物对地球臭氧层继续造成破坏，邀请所属会员国签署《蒙特利尔破坏臭氧层物质管制议定书》，禁止使用氟利昂。经过各国多年的努力，地球臭氧层保护工作大有进展。再如说官话、套话的现象，在中国曾经一度流行，后来经过自上而下加以扭转，不出几年就成效卓著。为此，我们呼吁主管部门认真检查现行评价系统中可能存在的污染源，发挥出自上而下的示范和指导作用，为改善科学发展环境做贡献。

但是道德不同于法律，不能把责任都推到主管部门头上。道德建设在很大程度上是科学界内部的事情，特别是承担着培养人才、指导方向的学科带头人的事情。如果在学术界有影响力的科学家们，能够站出来发声，而不是选择默认，更不是随波逐流，黄金时期的中国科学界，也有望建成精神环境的模范村。

（原文发表于《科技导报》2014 年第 7 期）

廖万清，医学真菌学专家，中国工程院院士。现任海军军医大学皮肤性病与真菌病研究所所长，长征医院皮肤性病与真菌病研究所所长。主要从事医学真菌病学研究和临床工作。

为理想矢志不渝　为事业百折不挠

一个人是要有梦想的，今天我们中国人的梦想就是"振兴伟大的中华民族"。作为一个科技工作者，我认为实现这个中国梦必须具备"为理想矢志不渝、为事业百折不挠"的精神。

纵观科学发展轨迹，任何一项成果的获得都不能缺少这种精神。所谓成功者，不过是那些坚持到最后一刻、迈出了最后一步的人。在中世纪，梅毒是一种可怕的疾病，治疗手段只有用金属汞，此方法毒性极大，效果却不理想。德国保罗·埃利希（Paul Ehrlich）博士在大量试验研究的基础上，对一系列含砷化合物进行筛选，终于在筛选第606个砷制剂时，发现其有抗梅毒功效，并将该药物命名为"606"。由此可见，挫折与成功相伴。对于科学研究，必须保持百折不挠的精神，能够跌倒后再爬起来继续前进，成功之门将永远向你敞开。

澳大利亚科学家巴里·马歇尔（Barry J. Marshall）也是凭着这种精神摘得诺贝尔奖的桂冠。与马歇尔在同一家医院的罗宾·沃伦（Robin Warren）发现胃溃疡病人病灶中存在幽门螺旋杆菌，但当时并没有足够的证据证明幽门螺旋杆菌可以导致胃溃疡。马歇尔为了证明二者的关系，在自己身上进行了幽门螺旋杆菌感染实验，证实幽门螺旋杆菌可以导致胃溃疡。但是这一新的发现并没有被当时的胃肠病学专家们接受，马歇尔将这一发现写成文章投给澳洲胃肠病学大会却惨遭拒稿，《新英格兰医学杂志》也同样拒绝发表该文，没有人认识到这是一个革命性的科学发现，马歇尔被业内的大腕们称为"疯子"。但是真理经得起时间的考验，随着研究的深入，越来越多的学者发现胃溃疡、十二指肠溃疡与该细菌有关，并利用抗生素成功治愈胃溃疡，马歇尔的理论终于被认可。基于该发现的重大意义，马歇尔与幽门螺旋杆菌的发现者沃伦共同获得2005年诺贝尔生理学或医学奖。由此可见，在前人研究成果基础上继续探索发现，并积极面对探索过程中的挫折和质疑是科学工作者成功的关键所在。

困难总是横在通往成功的道路上，只有百折不挠、坚韧不拔的人才能克服困难，取得成功。那种追根究底、咬定青山不放松的精神，正是科研过程中的力量来源。1980年，我在一例脑膜炎患者的脑脊液中发现一种形态十分特别的隐球菌，遍寻专家，也没人能够解惑。为了证明该菌的致病性，我在实验室亲自养小白鼠进行动物感染实验，最终证实该菌为致病菌。但由于当时技术条件的限制，只能进行表型分析，所以仅将其命名为新生隐球菌S8012。随着研究手段的改进和对生物系统进化理论的深入研究，21世纪初通过分子生物学研究将S8012鉴定为格特隐球菌ITS C型，VGI基因型，得到了国际科学界的普遍认可，这也是中国首次发现格特隐球菌引起的隐球菌性脑膜炎。目前该菌已被世界权威真菌保藏研究机构美国ATCC、荷兰CBS和比利时BCCM菌种保藏中心永久保存，并向全球有偿供应。近30年来，我对S8012菌株始终不离不弃，一直进行研究，不断取得成功。

今天，我们伟大的祖国正处于大变革、大发展的辉煌时期。科学发展的道路是曲折的，特别是在知识更新迅速的今天，如果没有矢志不渝、坚韧不拔的精神，就无法忍受挫折和失败，甚至可能在科研的道路上被逆境袭倒。空谈误国，实干兴邦，成功总是属于那些有理想、有抱负、扎实苦干的人们。

（原文发表于《科技导报》2013 年第 26 期）

李曙光，地球化学家，中国科学院院士。现任中国地质大学（北京）科学研究院教授。主要研究领域为同位素年代学和地球化学、造山带化学地球动力学。

科技创新投入应以人为本

李曙光

面对西方发达国家的持续金融危机，中国面临劳动力成本上升及资源、环境等问题，加快经济发展方式转变，使社会经济发展更多地依靠科技创新驱动，已经成为中国政府和公众的共识。为推动科学研究发展，"十一五"以来科技投入持续增加，科研项目的资助强度逐年提高，科研条件不断改善，极大地推动了中国科技事业的快速发展。然而，如何进一步发挥中国科技投入效率，合理分配和使用科研项目资助，进一步提高科研成果质量，是迫切需要解决的问题。

目前，科技投入存在见物不见人的倾向，科研经费的主要投入方向是科研事业费和仪器设备费用，可用于人员劳务费用的比例非常低。例如，国家自然科学基金面上项目劳务费比例仅占15%，重点项目和科技部"973计划"项目限制在10%以下，还有更小比例的奖励性质的绩效。

科研经费不允许用于发放参加项目的非短期专职研究人员薪酬。我们的科研经费中能用于人员的费用比例远低于科技发达国家，例如美国科学基金项目经费除学校提取 30%~40% 管理费外，项目人员薪酬、博士生学费、生活费比例可占所余经费的 60%；如果招收博士后或从事理论工作，该比例还可更高。科研经费中，人力薪酬-劳务性投入在科技创新活动中起着非常重要的作用，因此这种重物不重人的倾向严重制约了中国的科技创新。

研究生学费和生活补贴。众所周知，高等院校和一些科研院所的基础研究团队由教授（或研究员）及其指导的研究生组成，研究生是科学研究的生力军。一位教授如果 1 年只招 1 名博士生，其研究团队就会有 5 名在读博士生。该教授需要付出多少经费支持他们呢？国务院常务会议决定规定："从 2014 年秋季学期起，研究生取消公费，全部实行自费。"按照规定博士生学费 10000 元 / 年，假定学生均得到国家奖学金（1000 元 / 月），教授至少还需补贴其 800 元 / 月（1800 元 / 月生活费目前在大城市并不高）。这样，资助 5 个博士生 1 年至少需由基金劳务费支付 10 万元。如果 1 个教授很能干，同时在研有 2 个自然科学基金面上项目，每个均获较高资助 80 万元 /4 年，则 1 年可获经费 40 万元，其中 15% 劳务费仅为 6 万元，尚缺口 4 万元。换句话说，这样一个能保有 2 个在研项目的优秀教授，仅能维持 3 个博士生的研究组，而 3 个博士生用完成课程学习之外的时间去完成 2 个基金面上项目，是否在人力投入上太低了？

博士后和合同制研究人员工资。博士后和合同制研究人员有独立研究能力，他们年轻、思维活跃、有激情，是任何一个科技发达国家最活跃的重要研究力量。此外，大量招收博士后或合同制研究人员还具有缓解博士毕业后就业压力以及筛选科研人才的社会功能。目前，由国家资助的博士后名额有限（资助经费也远低于实际需求），大量研究项目的博士后经费需从项目开支。合同制研究人员因未列入正式教职员编制，在西方发达国家其工资由所获取的研究经费开支，俗称"软工资"，但是中国目前科研经费不可以支出工资津贴。如需大量招收博士后和聘用合同制研究人员，就要求人员费用必须在研究经费中占较大比例，并允许支付合同制专职研究人员的工资福利。

高校教师的科研时间和工作量的补偿。高校教师在完成规定的教学任务外，从事科学研究的时间和工作量是否应由科研经费给予工资外补贴或报酬，是一个敏感话题。根据目前研究费使用规定，在职人员是不能得到劳务费的。作为长期在高校工作的人，我认为应该给，而且应该规范化。高校虽然规定有寒暑假，但是想在科研上有所作为的高校老师都会把没有教学任务的寒暑假作为科研的宝贵时光，不会休假。不仅如此，还需将周末等法定节假日，甚至晚上等法定休息时间用来做科研工作，因为这些时间没有教学和行政事务打搅，能静下心来阅读、写作和思考问题。没有这样的时间和精力的投入是很难做出具有创造性的成果的。当然，在国内外高校也都有一部分教师一旦获得教授职称后就失去科研动力，不再做科研。但作为国家政策，当然应该鼓励高校教授发挥潜能，从事创造性科研工作。事实上，为了鼓励科研，目前中国各高校和科研单位也从不同渠道筹集经费发放论文奖或科研绩效工资鼓励教师的科研工作。然而，这类奖励和绩效工资却不能名正言顺地纳入科研经费预算，且论文奖励不封顶，助长了研究人员为获得高收益而重论文数量，却不潜心于有难度的创造性研究。既然如此，我们何不学习美国高校将教师年薪分9个月发，教师可从承担科研项目经费中最多开支3个月的寒暑假工资（明文列入经费预算）这样一种规范化措施呢？

从整体上改善中国吸引优秀科技人才的环境。科学研究的历史表明，原创性重要研究成果总是由少数杰出科学研究人才做出的。面对全球优秀科技人才激烈竞争的今天，中国也出台了给予较高待遇的国家"千人计划"，并吸引了一批优秀科技人才回国创业或从事科教工作。但新人高待遇、旧人低待遇政策的负面效应也是显而易见的。有调查表明，中国科技人员的平均收入在世界范围内处于较低水平，尤其是年轻的科技人员。只有从整体上改善收入水平，才能从根本上提高中国对优秀科研人才的吸引力。随着中国经济的发展和科技投入的增加，提高科研经费中对科技人员工资津贴的投入比例，将平等惠及全体科研人员，会对中国吸引优秀科技人才起到正面作用。

总之，科技创新从根本上说是人的创造性劳动，如果对人力没有相应的投入，不能使科研人员专心于科技攻关、做创造性的工作，不能汇集天下科技英才形成良好的科研氛围，那么即使有了良好的研究设备和业务经费，也难于产出创新的成果。

（原文发表于《科技导报》2013 年第 5/6 期）

第二章

科 学 思 辨

"科学思辨"共选取 10 篇文章，主要围绕某一学术热点或通过具体案例，揭示科学研究中存在的问题和挑战、引发科技工作者的前瞻性思考以及科学伦理问题、方法论探索等，给科技创新与人才培养以启示。

陆大道，经济地理学家，中国科学院院士。中国科学院地理科学与资源研究所研究员，中国地理学会理事长。主要研究方向为经济地理学和国土开发、区域发展。

科学地认识"一带一路"

陆大道

　　"一带一路"倡议体现了中国新时期全面对外开放的方针，也完全符合"一带一路"周围区域国家的根本利益与要求。其中的核心内容是提倡"包容性全球化"，即通过秉持共商共建共享的原则，形成合力，共创发展新机遇、实现共同繁荣、维护世界和平。这个合作理念和模式得到了世界上许多国家和广大地区人民的支持，反映了当今世界的客观需求与愿望。实施这一重大战略，将营造一个各国间经济、贸易、技术、文化交流合作的大平台，也将能遏制战争势力，构建一个全球地缘政治安全的大格局，将为中华民族实现伟大复兴的中国梦铺平广阔的道路。经过30多年来改革开放的发展，今天中国已经完全具备实施"一带一路"发展目标的各项条件。

　　"一带一路"所涉及的国家与地区，其发展历史及第二次世界大战后的社会制度及地缘政治倾向各不相同，它们的投资环境也差别很大。大部分国家与地区经济发展水平总体上不高，基础设施较差，管理水平不高。相当一部分地区生态环境比较恶劣，社会结构复杂，宗教和民族问题多，运输距离长等。其中，海上丝绸之路必须经过中国南海。中国通往南美、欧洲、非洲、中东和南亚、澳大利亚的几大国际航线是中国的国家生命线，而中国南海正好处于这生命线的咽喉区段。150 多年前德国地理学者拉采尔就认为："只有海洋才能造就真正的世界强国。跨过海洋这一步在任何民族的历史上都是一个重大事件。"还有，近年来在国际上正在泛起一股贸易保护主义的思潮。这些情况说明，实现"一带一路"的发展目标，未来将会遇到诸多的困难和障碍，是需要中国几代人才能完成的伟大事业。因此，需要科学地认识"一带一路"。

总体上看，对于上述方面我们可能还了解得不具体，还不能适应大规模实施"一带一路"倡议的需要。"一带一路"建设涉及中国在全球范围内谋划资源配置和战略利益，也将改变世界经济治理体系和发展格局，这为中国地理科学领域带来了重大需求和重大机遇。无论是重点国别、地缘政治和投资环境研究，还是沿线地区资源环境和灾害风险研究，抑或是海陆运输组织模式和绿色包容性投资理论研究，都亟须大量研究来满足"一带一路"建设工作的需要。

为了支撑更大规模的经济贸易合作和相关的工程建设，减少大规模投资和贸易的风险，需要对"丝绸之路经济带"沿线国家，特别是中亚和西亚、中东地区的自然结构、经济地理、自然灾害、社会安全等基础性情况进行综合研究；对"21 世纪海上丝绸之路"所涉及海域的自然特征、全球主要航线海况以及沿线国家的社会经济特征、政治倾向等进行综合研究，对未来中国的国外海上支点、海军基地的选取和建设、中国船只航行的航线安全等进行评估。推进"一带一路"建设迫切需要开展空间路线图的研究，在重要线路、节点和重大工程的规划建设中加强科学论证，统筹协调"一带一路"建设的资源、生态、环境目标，规避可能产生的环境、社会风险，构建生态环境保护视角下的新时期绿色丝绸之路建设空间路线图，为整个"一带一路"建设顺利推进提供决策依据。在新阶段，随着越来越多国家参与到"一带一路"建设中，如何研究建立"一带一路"建设机制与框架，让沿线国家能够在政策沟通、项目对接、经贸合作、设施联通、生态环境保护等方面均有可以参考、依照的长效合作机制，是当前推进"一带一路"建设面临的迫切问题。针对近年来的逆全球化思潮，需要进一步深入研究未来开展国际合作的新理念、新模式以及相应的治理措施。"一带一路"的发展，将给中国各地区的持续发展带来重要的机遇。特别是对于中国西部地区和东南沿海地区，如何与自身发展定位充分结合起来，已经成为值得长期重视的问题。

历史上，崛起中的大国在认同、参与已有的国际制度及各种模式的同时，总是会创新性地提出并推行新的理念、思想和模式。今天中国人要能够辨别现存的国际体制和模式的作用与弊端，站在高处，努力创新，对未来的国际治理模式及一系列国际合作的框架提出我们的方案，对人类未来的可持续发展作出我们的贡献。

（原文发表于《科技导报》2018 年第 3 期）

王贻芳，实验高能物理学家，中国科学院院士。现任中国科学院高能物理研究所所长、中国物理学会高能物理分会副理事长。主要研究方向为粒子物理实验。

基础科学：
做好规划，加大投入，精细管理

王贻芳

这些年来，中国对科研投入增长迅速，已成为仅次于美国的第二大科技经费投入大国。但令人遗憾的事实是，研发投入与效益不完全匹配，科研成果的产出，特别是重大科研成果产出，难以让人满意。

究其原因，一是重要的原创性成果一般都来自基础科学研究，虽然科技经费总投入居世界第二，但在基础科学研究的投入只占总投入的5%，而国际上的比例是15%左右，因此真正投入在基础科学研究上的经费仍然不足。二是累积效应，重大成果的产出都需要十年甚至几十年的时间累积。

目前国内原创性重大成果少，可以推托说过去的投入不足，但20年后还不出重大成果就是问题了。因此，国家应该有一个论证机制，从现在就开始规划与准备，遴选优秀项目，开展预研，保证在未来20年甚至更长的时间内，有源源不断的重大成果出现。

而从当前的科技管理实践来看，改革开放后建立起来的科研管理体系仍有许多不足，不能很好地应对当今的形势与要求。为此，科学家及科研管理部门应该共同努力，结合国外科研管理体系管理经验，注重细节、逐步调整，完善或建立新的科研管理体系以应对挑战，特别是在项目评审、结题、经费管理等方面下功夫。

第一，项目评审。评审决定项目的选择与方向，正确与否是导致项目成败的直接因素，在整个科研管理体系中是最重要的。

书面匿名评审。为保证评审的公平性，科研管理体系中制定了评审的回避制度。目前主要是同一法人单位回避，但实际操作中，仍免不了利益的交叉，不易做到真正的回避。目前不是所有的评审都有书面匿名评审这一环节。建议强化这一部分，因为这是简单、有效、容易操作的方法。

小同行评审。项目会评时，很多专家并不是"小同行"，尤其是经费在1000万元以上的大项目，评审专家一般都是"大同行"。如果国家按各领域来分配经费，领域内部自己评审，可以做到小同行评审。并且，如果本学科得不到发展，整个领域内的专家都是有责任的。而目前评审专家并没有对项目评审真正承担责任。

国际评审。增加国际评审环节，请国际一流的科学家来评审，特别是书面匿名评审，可以减少利益冲突和偏差，公正发表意见，并且可以找到真正的小同行专家，成本低、易操作，只需要建一个评审专家数据库。

国际合作。请国际一流的科学家来参加中国发起的项目，拿出真金白银来合作，一定是认同了项目的科学目标、可行性，同时也带来了自己的一技之长。他们带来的资金，也是经过了他们国家的严格评审。因此，国际合作是提高大项目成功率、提高队伍水平、提高国际影响力、获得重大成果的不二法门。这也应该成为中国未来大科学项目的必要条件。当然国际合作也会带来效率降低等问题，但相比其正面作用，是非常值得的。

第二，项目结题。项目结题与验收是对科研投入的最后一道检查，其重要性自然不言而喻。不论是大项目还是小项目，都可以采用书面匿名评审、国外专家评审和国内专家评审相结合的方式，可以减少利益冲突和偏差。

第三，经费管理。科研管理部门要把工作重心从分配经费、组织各种评审，转移到制定规则、检查工作实效上来。

各学科应该建立包括一线科学家在内的顾问委员会，根据各自的规划，把经费分配给各个学科，使其内部竞争，会遴选出更合适的项目，分配更合适的经费。学科内部排队，分轻重缓急支持，比大家一起去申请，最后碰运气，不知道谁能上要好得多。每个学科知道自己每年有多少经费，特别是知道未来会有多少经费，会更好地规划自己，知道哪些钱为现在、哪些钱为未来。都是本领域的人，大家知道谁缺钱，如果记录不好，对自己的未来有影响，大家就会自我约束，把经费花在该花的地方，科学成果自然就会出来。

同时应该有不同的管理与支持方式。比如，不同学科对项目大小、支持时间、管理方式的需求可能不一样。特别是，可以找几个具有代表性的领域作为试点运行。

中等投入项目无人管是个问题。有的科研管理部门的项目经费是几千万以下，有的科研管理部门的项目经费是几亿元以上，而几千万元到几亿元中间的项目没有部门负责。而这样的项目可以很多。比如西藏阿里"原初引力波"探测项目经费需求就在1亿元左右，努力了1年，还没有找到对口的部门。

总而言之，对基础科学应做好中长期规划，加大科研经费投入，完善科研管理体制，解决科研管理体制条块分割、制度简单僵化的问题，实行精细化管理，并适当增加管理灵活性。

（原文发表于《科技导报》2016 年第 3 期）

胡文瑞，流体物理学家，中国科学院院士，国际宇航科学院院士。中国科学院力学研究所研究员、国家微重力实验室主任。主要研究方向为流体力学。

空间引力波探测方案的探讨

胡文瑞

2016 年 2 月 12 日，美国激光干涉引力波天文台（LIGO）和美国国家科学基金会联合宣布：2015 年 9 月 14 日在美国的两个地面站同时观测到引力波，即 GW150914 事件。至今已观测到 6 次引力波事件，其中欧洲引力波天文台（VIRGO）参加了第 4 次事件（GW170814），使分辨率提高了 10 倍。地面引力波探测的成果不仅验证了百年前广义相对论所预言的引力波，发展了理论物理的引力理论，而且开辟了引力波天文学的新领域。

空间引力波探测是在低频波段探测引力波，它对应于大质量的扰动事件，因此比地面引力波探测更具丰富的物理内涵。1993 年，欧洲空间局（ESA）提出激光干涉空间天线（LISA）计划，即在太阳轨道（地球轨道前 20°）布置 3 个间距为 5×10^6 千米的呈正三角形的航天器，星

载激光器精确测量航天器间距的变化，从而反演出引力波的存在。LISA
计划已列为 ESA 的第 3 号大型空间任务，计划 2034 年升空。1997 年，
美国国家航空航天局（NASA）参加 LISA 计划，2011 年退出，后又在
2017 年重新参与。美国国家研究委员会（NRC）对空间引力波探测予以
高度评价，认为这是很快会获得诺贝尔奖类的项目。空间引力波探测目
前的国际态势是，欧美联合与中国竞争。

空间引力波探测在中国受到多方面的关注。科技部于 2016 年 6 月成
立了"引力波研究专家委员会"，为中国引力波的发展制订蓝图。中国科
学院 2008 年始部署了引力波的探索；2015 年启动了包括空间引力波探
测"太极计划"在内的先导项目研究；目前，中国科学院正在安排空间
引力波探测的预研星计划。

"太极计划"选择太阳轨道 3 颗星的激光测距方案。近年来，中山大
学提出的"天琴计划"是在地球周围布置 3 颗激光测距卫星。2018 年 4
月 1 日中央电视台《新闻联播》中，天琴计划的负责人介绍了他们选择
的地球轨道空间引力波探测方案。这一方案早在 2011 年 NASA 的《引
力波任务概念研究最终报告》（*Gravitational-wave mission concept study
final report*）中已有详细讨论，归纳起来，它有如下困难。

第一，在考虑月球、木星及其他天体的影响后，地球轨道的方案采
用等边三角形编队（臂长包括 7.3 万千米、67 万千米和 100 万千米），其
星间相对速度引起的多普勒频移很可能大于 50 MHz，这对相位计、探测
器的带宽提出了更高要求。然而，对于探测器和相位计而言，带宽越宽，
噪声就越大。

第二，地球轨道方案的轨道运动会引起温度变化。采用等边三角形
绕地球飞行的轨道，航天器对太阳的朝向时常在变化，因此引起的航天
器温度涨落会非常大，在毫赫兹频段温度变化约比太阳轨道高两个量级
以上，这对载荷附近温控提出了很高的要求。

第三，地球轨道方案的太阳阴影问题对航天器与望远镜性能造成很

大影响。航天器在运行过程中会时而进入太阳阴影，时而又受到太阳照射。处在太阳阴影与太阳照射状态相比，航天器的温差高达300℃以上，这对航天器稳定结构提出了很高的要求。因为温度变化会引起航天器结构形变和应力形变，从而改变航天器质心状态，直接导致惯性传感器无法正常工作。剧烈温度变化造成的另一个问题是望远镜的性能下降甚至完全失效，因为它会引起望远镜结构形变、镜面形变，从而影响望远镜出射光及接受光的波前质量。望远镜结构形变会使得接受光的波前不再光滑，将直接导致差分波前传感技术的失效。

第四，地球轨道方案的太阳阴影问题使得科学测量时间不连续。按照天琴计划的方案，其连续科学工作时间为3个月，两个测量周期的间隔也是3个月。与1年积分时间相比，其获得的信噪比减半。然而，在天琴计划最新的文章《Fundamentals of the orbit and response for Tianqin》中，在计算时默认了1年积分时间。

一般认为，空间引力波探测选用太阳轨道是最好的方案，而地球轨道的方案风险极大。中国的空间引力波探测处在学术与技术竞争严酷的环境中，需要尽早确定路线方案，尽快协调国内各方的优势力量联合攻关，加强国际合作，"以我为主"地做出重大学术贡献。

（原文发表于《科技导报》2018年第12期）

杜祥琬，应用物理学家，中国工程院院士。中国工程物理研究院高级科学顾问，中国工程院原副院长。主要研究方向为核武器理论设计与核试验诊断理论研究。

中国能源、电力发展空间研究的方法学问题

杜祥琬

随着中国经济的快速增长，能源消费也在较快增长。未来中国能源的增长空间有多大？能以美国的人均能耗或"发达国家平均水平能耗"作标杆吗？如何进行比较科学的研究？这里提出两点方法学的思考。

1 国际比较研究分析

分析一下发达国家能源发展和电力发展的历史和现状就会发现，当经济发展达到一定水平后，年人均能耗就保持在一个较稳定的水平上。这个水平对美、加这类发达国家和欧、日等另一类发达国家差别明显，它们在人均能耗、人均电力消耗、人均二氧化碳排放等方面有明显差异，由此，

可以提出"两类发达国家"的概念，它们的能源发展并不是一种模式。

以 2010 年人均能耗为例：第一类发达国家（美、加）大于 10 Tce/人·年（已基本稳定），第二类发达国家（欧、日）约为 5 Tce/人·年（已基本稳定），前者是后者的 2 倍，中国目前为 2.6 Tce/人·年（在增长中，暂低于发达国家，但已超过世界平均水平）；2010 年人均电力消耗为：第一类发达国家（美、加）约为 14000 kW·h/人·年（已基本稳定），第二类发达国家（欧、日）约为 7000 kW·h/人·年（已基本稳定），前者也约为后者 2 倍，中国目前约为 3500 kW·h/人·年（在增长中，暂低于发达国家，但已超过世界平均水平）；而 2010 年人均二氧化碳排放为：第一类发达国家（美、加）为 18~19 吨人·年（在下降中），第二类发达国家（欧、日）为 6~9 吨/人·年（在下降中），中国目前为 6.0 吨/人·年，并呈增长趋势。

两类发达国家的差异反映着发展模式的不同，例如美国人均每年行车里程为 3 万千米，而日本人均每年行车里程为 1.1 万千米，两国人均客运终端能耗相差 3.6 倍；美国人均住房面积 62 平方米，日本人均住房面积 34 平方米，两国的人均家庭能耗差 1 倍。

因此，应以怎样的国际参照，正确认识中国能源合理需求的发展空间，值得认真思考。显然，无论从能源、环境约束还是全球低碳发展的要求看，可得到下面 4 点结论：第一，美国、加拿大等国家高能耗、高碳的发展模式不可复制、不可推广。美国的人口占世界总人口的 4.5%，却消耗每年能源总量的近 20%，中国人口是美国的 4.4 倍，如果人均能耗与美国一样，就要消耗世界 90% 的能源，如果全世界都达到美国的能源消耗水平，需要 4 个地球的资源，这是不可能的事情；第二，如果以所谓的"发达国家平均水平"为标杆，那就是把两类发达国家进行大平均，其结果将把中国引向比欧、日更耗能、更高碳的"准美国模式"。这是中国需要高度警惕的一种现实危险性；第三，如果按照第二类发达国家（欧、日）的水平（达到与美国相同的现代化水平，但耗能、耗电却只有美国的一半），则中国能源消耗总量也只有不到 1 倍的增长空间；第四，按照走"新型工业化道路"的理念（以较少的投入、较少的排放达到较好的发展效果），中国理应比欧、日更节能、更低碳。中国作为新兴发展中国家，占有后发优势（如信息技术、新能源技术、节能技术、低碳发展路径等），做得更好是可能的。

 ## 2 科学发展观指导下的国内预估方法

进行能源发展国内预估研究的思路是采取惯性外推的方法，还是按转变发展方式的思路？两者差别会很大。按照科学发展的思路，在能源、电力研究上就要坚持"能源科学发展观"，转变能源供需模式，由"粗放的供给满足增长过快的需求"转变为以"科学供给满足合理需求"。

首先，"科学供给"要确立"煤炭科学产能"的概念，所谓科学产能就是安全、高效、洁净、环境友好，目前中国煤炭的年产量已达 30 多亿吨，其中只有不到一半符合科学产能的要求，多半产能达不到安全生产和保护环境、生态的国际标准。经努力，预计到 2030 年，符合科学开采的煤炭产能能力可达到 34 亿~38 亿吨原煤（24 亿~27 亿吨标煤）；随着页岩气的大量发现，现在美国有人认为"人类将进入页岩气时代"。其实，评估一下资源量和开发条件就会知道，中国的页岩气埋藏较美国更深，而且开发页岩气需要水，但中国有页岩气的地方往往少水。包括页岩气在内的天然气是一个战略方向，应努力提高它在中国一次能源应用中的比例，使其成为中国的一个低碳能源支柱。但定量分析表明，天然气在中国能源结构中的比例能从目前的 5% 提高到百分之十几就很了不起了；对非化石能源的供给，应该鼓励可再生能源和安全核能的发展，使其有一个稳步而较大的发展空间。科学供给还要计及环境容量：国内生态环境制约因素不断强化，近年来，环境污染和生态破坏造成的损失占当年 GDP 的 3%~4%，一些污染严重地区的环境污染损失已经占到 GDP 的 7%

以上。环境污染已对人体健康产生明显影响，最近北京和中东部地区的雾霾天气就是严肃的证明。

其次，要从"合理需求"角度考虑。第一，中国高耗能产业已趋饱和，不需高速增长，产业结构必须调整，这将是最大的节能潜力。大规模的基本建设对目前的发展是需要的，但我们必须认识到高耗能产业（如水泥、钢铁……）的产能已足以满足这一需求。中国经济发展的着力点应该转向传统产业的升级、转型，发展战略型新兴产业和第三产业、服务业。第二，提高能源使用效率有显著空间。如近10年来火力发电每度电耗煤已从370克下降到330克就是很大的进步，而做得好的，可达每度电只要270克，这又是20%的节能空间。第三，避免浪费潜力也不小。如制止攀比"摩天大楼"的不良倾向，尽力把堵车浪费的汽油省出来，节约"三公"消费，反对奢华风气等就可以显著抑制不合理需求。

最后，要清楚地认识到中国是人口大国，又是人均资源小国，许多自然资源的人均水平远低于世界平均水平。这些都提醒我们：中国没有粗放发展的资本，中国的现代化是需要精心设计的。中国只能用明显低于美国等发达国家的人均能源消耗实现现代化。

综合国际比较研究和科学的国内发展预估研究，若人口不显著增长，则中国的一次能源年需求总量应能在60亿吨标煤左右达到饱和（其中电力约10万亿kW·h）。能源结构应逐步优化，化石能源的年消耗总量应不超过40亿吨标煤，并在2030年前达到峰值，这不仅必要而且可能，这对中国经济社会的健康发展、环境生态文明建设和提高人民的生活质量和健康水平都具有重要意义。

（原文发表于《科技导报》2013年第29期）

邬贺铨，光纤传送网与宽带信息网专家，中国工程院院士。现任电信科学技术研究院顾问、中国互联网协会理事长。曾任电信科学技术研究院副院长兼总工、中国工程院副院长。主要研究方向为光通信系统和数字通信网的研究。

信息产业变革的启示

邬贺铨

近年信息产业发生了巨大变革，它所带来的启示通过两方面进行阐述。

1 信息产业即将进入"大智移云"时代

互联网面临新一轮换代，现在互联网处于后 PC 时代、后 Web 时代和移动互联网时代，不出 10 年，将进入后摩尔时代、物联网时代、云计算时代和大数据时代。

20 世纪 80 年代人们谈论数据库、90 年代谈论 IDC（互联网数据中心），现在则谈论云计算、云服务。10 多年前的手机只有听说功能，而后逐年实现了手写输入、录音、观看电视、上网、触摸屏等功能，还有了传感器。出于竞争需求，现在有些公司还开发了语音翻译软件，手机一端讲中文，另一端则能直接听到外语。安装核辐射传感器的手机，可检测核辐射。手机还有望用于检测 $PM_{2.5}$。总之，移动互联网将极大地改变人类生活；移动服务和移动应用约占消费者信息技术服务支出的 47%，移动互联网将主导未来 IT 产业发展。

最初互联网网站内容由网络专业人员产生，叫 Web 1.0。后来博客和微博出现，网民也成为内容提供者，网站进入 Web 2.0 时代。我们希望未来互联网发展到 Web 4.0，即智能网站。比如现在用搜索引擎搜索一个关键词，会搜出海量内容，像列出一系列参考书，未来互联网有望判断这些内容，直接提供答案。距离这一目标还有很长的路，但已有了良好开端，苹果 4S 手机的 siri 系统就有回答提问功能。

我们面临着一个大数据时代。中国联通收集用户上网记录以便提供准确计费，每年累计数据量 3.6 PB。持北京公交一卡通者每天有 1000 万人次坐地铁，4000 万人次坐公交车，北京交通调度中心已收集数据达 20TB。中国工商银行积累数据 5 PB。一个人到医院做 CT，2000 幅 CT 图像的数据量为几十 GB，而大城市三甲医院每天平均门诊上万人。政府数据、网站数据、医疗数据、产业数据都呈现大数据趋势，现在全球新产生数据大概年增长 40%，即每 2 年翻番。总之，我们面临着"大智移云"时代。

2　网络内容服务商产业变革的启示

制造业的服务化。随着服务和软件收入的上升，传统的信息产业公司正在转型。IBM 已成功转型为生产型服务业公司。戴尔 2012 年开始组建软件集团，爱立信已是全球第 5 大软件公司，软件服务在其各自收入中分别占 50% 和 38%。

互联网正走向软硬件一体化。谷歌公司通过安卓系统进入智能终端，最近还斥资 32 亿美元收购物联网公司。微软近年开始推广智能手机、平板电脑，2013 年花费 72 亿美元收购了诺基亚的手机业务。

通信与计算深度融合。现在电脑越做越薄，手机越做越大，两者区别日渐缩小。手机不仅是通信终端，更重要的还是计算终端，当年制造手机的爱立信、摩托罗拉、诺基亚等，现在都已退出手机市场，取而代之的是苹果、三星等计算机公司。

电信业正加快向互联网方向发展。传统的电信业务是实时、私密的，微信可提供点到点和点到多点服务，可实时也可异步，既有通信也有广播功能。移动互联网使传统电信运营商产业链拉长，甚至出现越过运营商自行发展信息服务业务的趋势，即 OTT（过顶传球）。

电商服务呈现 O2O 化。腾讯把商务部分内容转给京东，并从京东获得 15% 股权，以便将电商与物流服务更好地结合，这大大冲击了传统实体店。

金融服务出现互联网化趋势。互联网公司开展小微信贷业务甚至自建小型资产公司，实现资产证券化。国家还批准电商企业跟民营企业合资，组建民营银行。为了应对互联网化，一些银行自建电商平台，或者直接跟电商有关的第三方合作，以获得电商用户数据。

ICT 战略突出生态化。谷歌、腾讯、淘宝、新浪、百度等公司不仅经营主业，更重要的是打造生态链。苹果就用 iOS 操作系统，把内容跟终端捆绑，形成一个新的生态系统。中国能不能做移动操作系统？我认为关键看能否形成生态链。

企业创新思维开放化。互联网不乏创新思想活跃的中小企业，缺乏的是产业能力。目前很多大企业通过收购中小企业来增强实力。脸书用 13 亿美元收购了一家公司。雅虎近 1 年来用数十亿美元完成 10 余宗收购，多数与互联网有关。百度 2013 年收购 91 无线，打造了一个完整的移动互联网产业链，市值因此增长 100 亿元人民币。阿里巴巴、腾讯也都通过快速兼并而增强实力。

网络内容服务商（ICP）的商业模式后向化。ICP 看重的是聚集人气，后向收费。360 公司的主业防火墙对网民免费。腾讯用免费微信颠覆自己的主要收入来源 QQ，但打造了用户群并获得大量的用户数据。我们过去认为羊毛长在羊身上，现在则看到羊毛长在狼身上。狼性也是市场竞争中所需要的。

跨界融合呈现白热化。早年管道运营企业的市值与销售收入之比相对比设备制造企业高，现在设备生产企业焕发改革动力、提升创新能力，超过了管道运营企业。而内容服务企业的市值与销售收入之比更高，这预示其巨大发展潜力。中国移动销售收入是腾讯的 10 倍，但市值只比腾讯略高一些；中国电信销售收入是阿里巴巴的 8 倍，但市值不到后者一半；中国联通销售收入是百度的 9 倍，市值也低于百度。现在内容服务企业、管道运营企业和设备制造企业都在考虑转型，呈现跨界融合浪潮。

全球专利竞争最激烈的是 IT 行业，技术创新和商业模式创新同样重要。多年来，微软、英特尔垄断着 IT 领域，进入移动互联网时代，安卓、IOS 操作系统不仅几乎垄断了手机还将进入桌面 PC，微软表现出疲软。动摇霸主地位的就是创新——互联网发展永远有新的业态出现，靠资源垄断的行业将受到冲击。依靠信息不对称建立的差异化优势将不复存在，我们要注意颠覆性技术的影响。互联网充满了创新空间，引入一种新的技术，就可能产生巨大影响。

互联网思维会影响所有企业，我们准备好了吗？

（原文发表于《科技导报》2014 年第 15 期）

黄琳，控制科学专家，中国科学院院士。现任北京大学力学与工程科学系教授。主要研究方向为系统稳定性与控制理论的研究、航空航天中复杂运动控制、非线性力学系统的总体特性及其控制等。

控制科学发展必须与
中国的实践紧密结合

黄琳

当前中国已是世界第二大经济体，正处在经济转型的关键时期，尖端科技迅猛发展，国防力量大增；与此同时，中国控制科学事业也获得了空前的发展，中国已成为一个名副其实的控制大国。但论文数量巨大、参与人数众多和巨额资金的投入，都还不足以代表中国是控制强国。控制科学的本质是技术科学，其发展的第一驱动力是需求，从这个角度来说，控制强国的标志应该是：在控制工程领域，掌握自主知识产权与吸收外国的知识产权应大致相当，在国防领域，涉及控制的自主知识产权应占主要地位或全部是自主知识产权；能从国家的需求提出新的控制问题并加以解决，解决问题的理论方法在实践中证明有效；在若干重大理论问题上有重要的突破，能提出有价值的原创性理论。笔者认为，要让中国从控制大国向控制强国转变，以下几点是关键问题。

1 必须扎根中国实际

中国科学技术的发展，要放眼全球，更要扎根中国，尤其控制作为一门技术科学，它在中国的发展不可能离开其所根植的土壤——中国的需求和实践。中国工业的转型、国防实力的增强、社会的进步和科技的发展都对控制科学提出了新问题，也提供了解决这些问题的机遇。例如在航天领域，中国缺乏低纬度的发射场，要高效快速地实现地球同步卫星入轨，就必须解决火箭机动飞行的强耦合效应问题以便采用火箭三维飞行的技术，中国学者最终成功解决了这个问题并建立了行之有效的理论方法，从而使火箭飞行技术在世界上处于先进行列。

控制科学的发展自然不会是一个国家的事，因此必须着眼全球，跟踪国际前沿，汲取其营养成分使我们也能处于国际前沿地带。但同时也要看到，在控制学科的发展进程中，也一定会存在泡沫。跟踪前沿是必需的，但跟踪并不是"跟风"。盲目跟风常常是敲锣打鼓热闹登场，乏善可陈冷清结束，在控制科学领域，这样的例子并不鲜见。在引进国际上先进的方法、技术的同时，必须扎根中国实践，建立符合中国实情的方法与技术，并使之在理论上更加完善。

2 抓住信息丰富的时代机遇

对于控制学科说来，信息极大丰富的时代特征带来的变化十分巨大。主要表现在：系统的复杂程度因网络化、分布式与多尺度、大规模、多回路而形成的多种控制，信号的传递方式数据化以及由于系统的复杂而使通信及信号处理过程与控制科学密不可分，这些都使得 20 世纪下半叶开始的以单一模式表述的控制系统及其理论不能适应。

网络化泛指两类问题，即系统具有网络特征或系统的控制在网络环境下进行。它们在系统结构、规模、信息传输的方式和控制手段上带来的挑战，都是过去单一模式遇不到也无法处理的。数据传输是网络运行的基础，因此数据的采集、传输、加工和分析都进入控制系统，而这必然带来新的变化与挑战。

研究控制科学主要依靠数学与计算机，而控制器的设计关键是算法设计。仅靠严格而又抽象的数学理论进行控制科学的研究可以得到基础性且带有一般意义的结果，这可能有一定指导意义，但具体到控制器设计，则必须借助计算机和其他技术。控制理论能真正应用就必须重视可算性，要从"能够算"向"算得好"转化，而算得好必须是"方便""精确""适时""可扩展"的结合，这对于长期只依靠数学理论研究控制科学的人来说是一件新事物，也是一个机遇，而这个转变可以将科学理论更好地用来指导控制器的设计。

智能科学技术的出现是当今信息科学技术发展的一个具里程碑意义的事件，它将为控制科学的发展提供新的思路、理论和方法，我们必须紧紧抓住这个机遇，把智能科学技术的发展与控制科学的实际结合在一起发展智能控制。信息科技在人类社会发展的历程中，出现的时间并不长，中国和其他国家在该领域的差距相对较小，完全有可能在这方面实现超越。

3 走自己的路，才能不断创新

探索是一件极具风险的事，害怕风险就会失去机遇，下定决心走自己的路，就不要害怕失败。我们应该去做有重大价值，但别人不敢做的问题；应该去做自己过去不能做、不会做的问题，不能总生活在过去的影子里。在研究一个新方向时，不要害怕别人的责难。控制科学发展的进程表明，很多新的、有生命力的理论方法在一开始都受到过责难，而历史发展证明了它们的正确性。对科学成果的真正中肯的评价，应该经得起时间和实践的检验。

在中国面临社会转型、信息科技迅猛发展的大好时机，抓住机遇，瞄准前沿，立足中国实践，奋力攻坚，一定会实现控制强国的愿望。

（原文发表于《科技导报》2017 年第 12 期）

杨雄里，神经生物学家，中国科学院院士，发展中国家科学院院士。复旦大学脑科学研究院教授。主要研究方向为应用免疫组化、膜片钳、细胞内记录、钙成像等多学科技术。

围棋"人机大战"的启示

杨雄里

　　韩国围棋选手李世石与谷歌 AlphaGo（阿尔法围棋）的"人机大战"经过 5 盘鏖战，最终以 AlphaGo 4：1 胜出落下帷幕。"人机大战"弥漫的硝烟至今仍未消散。在这充斥着奇闻轶事的现今世界中，这则虽然有着丰富的科学内涵，但又不无趣味性的比赛，激惹起人们如许兴致，实属难得。人们为人工智能的迅速发展雀跃欢呼，也有人忧心忡忡地思忖着一个严肃的问题：拥有高度人工智能的机器人会不会有一天征服人类？

　　人类对科学理想的孜孜追求以及社会进步的迫切需要，近年来有力地推动着人工智能大踏步地前进。以围棋为例，从日本最初研发的 Crazystone 围棋软件只能战胜普通的围棋爱好者，到今天 AlphaGo 相当轻松地战胜围棋界顶尖棋手，只不过 10 余年光景。从 AlphaGo 在对弈中所表现因棋局而变换策略的自我思考、学习的能力，不能不惊叹人类的智慧正在创造奇迹。

奇迹归奇迹，眼下的结局却并不十分意外。依我所见，在这样的"人机大战"中，人类的输棋，乃至最终的完败是迟早的事情。对于象棋、围棋这样的博弈，过程大抵是这样的：针对你下的每一招棋，回招可以有多种，而对手根据对棋局形势的判断从中选择了某一种；而对于对手的回招，你又有可能从众多的招数中选择一种与之过招，如此等等。这个过程从本质上来说是一种"推理性计算"，尽管这种计算可能极其复杂，但其结果原则上是可推断的。就实施计算而言，计算机以其愈益明显的速度优势，其能力早已为人类所望尘莫及，对于四则运算是如此，对于被认为是最复杂的智力游戏——围棋也不例外，差别只是在于时间而已——前者早在几十年前就实现了，而对于后者，序幕也已拉开。如果说，现在人类的顶级棋手还可能有招架之力，若干年以后，则恐怕毫无胜算可言。

但是人类不必惊恐！1997 年，当 IBM 公司的"深蓝"战胜国际象棋世界冠军卡斯帕罗夫时，我曾撰文表述过这个观点，现借此机会再略作引申和拓展。

首先，这场所谓的"人机大战"，在相当大程度上是人群间的斗智斗勇。AlphaGo 是一台机器，但它实质上是戴密斯·哈萨比斯（Demis Hassabis）及其团队集体智慧结晶的一种外观表现，这个团队依据对围棋棋艺的深湛剖析，借助高度发展的计算技术，不十分费力就击败了李世石。当然，这台机器自有出彩之处：创建它的团队借鉴了人脑的基本工作原理，使它拥有了非同寻常的、初步的自我思考、自我学习能力，可以按局势的发展调整其策略，而这方面能力的强弱基本上取决于现时科学对智力本质的了解程度。因此，归根结底，虽然李世石所对阵的是一台机器，但其实还是一群智力高超的科学家。"人机大战"不过是形式上的，本质上是人类智力的比拼。

何谓"智力（intelligence）"（或"智能"）？计算、逻辑推理，都只是智力的一部分。瑞士心理学家 J. Piaget 曾对智力下过一个通俗却涵义深邃的定义："智力是你不知道怎么办时动用的东西。"这一广泛被引用的定义指明，智力是一种挣脱旧传统羁绊的创造性能力，或者说创造性是智力的核心。人类智力的基础是大脑庞大神经网络复杂而又有序的活动。大脑的基本组成单元是神经细胞（神经元），人类大脑的神经元数量达860 亿个，它们通过多达百万亿的特殊连接点（突触）组成极为复杂的网络。此外，大脑还有数量多于神经元几十倍的神经胶质细胞，与神经元协调工作。对于作为智力基础的大脑活动的机理，目前还只有有限的了解，已经积累的知识不过是冰山一角。就现有的认识来看，智力形成所依据的神经活动，取决于神经网络固有的工作特点、外界环境的影响、情绪的调制等诸多因素。特别需要指出的是，脑的结构和功能绝不是一成不变的，不仅是在发育过程中，而且在成熟以后仍然保持高度可塑性，即随着内外环境的变化，乃至神经活动本身而发生变化的特性。一个突出的例子是，大脑的海马区以及许多其他脑区存在的所谓"长时程增强"现象，即在学习过程中，某些特定神经元之间突触结构发生改变、神经活动发生变化的现象。没有脑的可塑性就没有学习、记忆乃至智力。这种可塑性发生在分子、细胞、突触、网络等多个水平，在不同的脑区又有各自不同的特征，可谓变化无穷。

哈萨比斯拥有从事认知神经科学的经历，因此，在 AlphaGo 的研制中，借鉴神经系统某些工作原理使之拥有一定的自我思考和学习能力，可谓是"化神奇为更神奇"。但是，它对脑的工作原理的借鉴还是很初步的。具有学习功能的人工神经网络，一直是计算神经科学和人工智能研究中的重要问题，从引入"反向传播算法"，到"无指导性程序"的开发，都反映了科学家在这一领域研究中所做的努力。作为长期进化的结果，大脑实现智力的机理既精巧又复杂，现在对智力本质的认识还处于襁褓期。如果说从宏观结构和硬件的层面上模拟大脑的运行方式虽然难度极高、但终究可以逐渐逼近的话，那么阐明可塑性在细胞和分子层次上的表现如何与脑的高级活动相关联的机制还要艰难得多，而人工智能如何借鉴其中的原理跃变至新的高度，更是对科学家思维的又一次重大的挑战！尽管随着大脑奥秘的逐渐揭示，随着人工智能理论、技术的日新月异，机器人在智力的某些方面可能接近，甚至超过人类，其创新性也会不断发展，但是从整体而言，只可能逐渐逼近人类的智力、而不可能超越它。这就像在相对真理组成的绝对真理长河中，人类的认识可以逐渐逼近，但永远不能穷尽绝对真理一样。在人类社会的发展进程中，不仅建立了丰富的物质文明，更塑造了一大群科学家、文学家、艺术家、哲学家，他们作为人类的代表，以渗透着睿智的不朽作品组成了一个极其丰富、无与伦比的思想宝库。试问能够设想这一宝库闪烁着的永恒光辉有一天将会因人工智能的崛起而变得黯淡无光吗？

人类打开的潘多拉魔盒所逸出的"魔鬼"——人工智能正在显示出巨大的魅力，它无疑将服务于人类。但另一方面，在可以预见的将来，具有智力的机器人将不可避免融入人类社会，并在一定的意义上成为社会的一员，这就会向人类提出前所未有的挑战。我们必须从现在开始就考虑如何应对这种挑战，这包括如何使非人类机器智力的载体与现今世界的生态系统相顺应，如何限制机器智力可能表现的有害倾向、如何缓和人类对面临这种挑战的过激反应等。控制论专家维纳（N.Wiener）在 60 年前曾预言："未来的世界将是一场要求更高的斗争，以对抗我们智力的极限，而并非一张舒适的软吊床，我们能惬意地躺在那里等候我们的机器人奴仆的伺候。"

我们无须惊恐，但应戎装以待，迎接挑战！

（原文发表于《科技导报》2016 年第 7 期）

张伯礼，中医内科学专家，中国工程院院士。现任天津中医药大学校长。主要研究方向为心脑血管疾病的中医药防治和中药现代化。

中西医并重，用中国式办法
解决好医改难题

张伯礼

2014年3月全国人大会议期间，李克强总理在政府工作报告中提出："我们一定要坚定不移推进医改，用中国式办法解决好这个世界性难题"。这显示了党和政府坚持搞好医改的决心。

1 医改是世界性难题

"看病难、看病贵"，不仅是中国问题，也是全球问题。究其原因，主要是生活方式转变引起的疾病谱改变和老龄化社会的到来。以往的营养不良、感染性疾病等患病率大大降低，而慢性病、复杂性疾病发病率显著上升，比如缺血性心脏病、中风、肿瘤、糖尿病、慢性阻塞性肺病、退行性骨病等。这些疾病多难以治愈，需长期服药、终身治疗，医疗费用需长期支付。老龄人口约占中国人口的 15%，而老龄人口医疗负担却占全国医疗费用的 70% 左右。

从医疗支出来看，欧美等发达国家和地区也承受着巨大的压力，也在不断探索改革。比如，美国医疗支出约占其 GDP 的 18%，居全球首位，成了影响美国经济和社会发展的重要问题之一。中国医疗卫生的投入约占 GDP 的 5%，人均医疗费用约是美国的 1/30，且底子薄、基础差，城乡发展不均衡，卫生欠账多。在有限资源条件下，要满足 13 亿人的医疗保健需求，必须走出一条中国式道路。

② 中医学虽古老但理念并不落后

世界卫生组织在《迎接 21 世纪的挑战》报告中指出，医学的目的是发现和发展人的自我健康能力，从防病治病转向维护健康成为新时期医学的发展方向。随着生命科学的发展，对生命现象的认识呈现高度分化与高度综合的统一、宏观整体与微观局部相统一的趋势。中医学与西医学是 2 个不同的医学体系，对人体的生理认识，对疾病的病因、病理的认识各自不同，治疗理念、方法也存在明显差异。然而，随着医学发展和科技进步，中西方医学逐步汇聚的趋势越来越明显。目前，医学的重点任务是预测疾病、预防疾病和个体化诊疗。预测疾病、预防疾病与中医的"治未病"、养生保健密切相关；个体化诊疗与中医的三因制宜、辨证论治理念趋同。现代生命科学所遇到的诸多困难和挑战，将从中医药学中找到解决的思路和方法。可以说，中医药学虽然古老，但其理念并不落后，符合先进医学的发展方向。

③ 解决医改难题的中国式办法

比较中国与国外医疗体系，在医疗保险制度、基本药物制度、3 级医疗体系、双向转诊办法等方面，做法基本类似。在这些方面，中国做了很大努力，近些年的成绩也比较显著。

与其他国家不同的是，中国实行"中西医并重，预防为主"的卫生工作基本方针，是"中国式办法"的基本特征。国外也提倡预防医学，他们采用的是疫苗、运动、改变生活方式等办法，这些我们都可以做到。但是国外没有的就是中医"治未病"和中医养生办法，比如食疗药膳、推拿按摩、针灸拔罐、气功、太极拳等，这些办法基本不需要太多花费，民众在日常生活中就能使用，可以调整亚健康状态，控制疾病相关危险因素，达到维护健康的目的。这些知识让民众掌握，引导健康生活方式，就可以不得病、少得病、晚得病、不得大病，可提高生活质量并有效降低医疗支出。

中医药简便廉验的优势是确切的。2011 年原卫生部发布的数据显示，中医以 4.01% 的机构、6.36% 的财政经费，完成了 15.38% 的门诊、急诊和 12.61% 的住院工作量，且平均每张中医处方比西医便宜 33.12 元，患者人均住院费用要便宜 1279.62 元。如果破除以药养医问题，使中医的一些适宜技术得到更好应用，中医的优势会更加突出。

 4　扶持中医药发展，保障医改成功

中医药对功能性疾病、神经精神疾病、老年退行性疾病都积累了丰富的经验，具有较好的疗效。中药对一些重大疾病的作用也得到循证医学研究的验证。如在心血管领域，中药对冠心病、心绞痛、心律失常、慢性心衰及心肌梗死二级预防都有确切疗效，并对现代医学棘手的阿司匹林抵抗、冠脉介入后无复流等也有很好的效果。在临床有效基础上，开展深入的机理研究，不仅丰富现代医药学研究内容，也拓展了临床治疗学研究新领域。中医药研究成果的推广应用，不但有助于减轻患者的病痛，还可以节约大量的医疗卫生资源。

病人越治越多、医疗花费越来越高，这条路是走不通的。发挥中、西医两种医学融合的优势，为群众健康服务，这才是中国特色。中国医改的成功，必须发挥中医、中西医结合的优势。正如全国人大常委会副委员长陈竺所讲，"深化医改为中医药发展带来契机，中医药发展为医改提供重要动力"。

然而，任重道远，实现中西医并重的方针还有很长的路要走，扶持中医药发展的很多举措尚有待进一步落实。

（原文发表于《科技导报》2014 年第 16 期）

王占国，半导体材料物理学家，中国科学院院士。现为中国科学院半导体研究所研究员。主要从事半导体材料和材料物理研究。

对培养基础研究人才的一点看法

王占国

　　基础研究通常分为纯粹基础研究和应用基础研究，前者指认识自然现象、揭示自然规律，获取新知识、新原理、新方法的研究活动。重大的科学发现常是偶然的或科学家从兴趣出发自由探索产生的，探索之初可能没有明确的目标，比如牛顿的万有引力定律、爱因斯坦的相对论、薛定谔的量子论等，这些研究活动是难以用规划完成的。后者则不同，尽管应用基础研究也具有长期性、不确定性等特点，但它以满足社会经济发展、国家安全和民生等重大需求为明确目标，需要从事基础研究人员和工程技术人员的紧密合作、协同攻关，"两弹一星"的成功实施就是一个典型的例子。两者相辅相成，缺一不可。

　　改革开放 40 年来，特别是最近的 20 多年里，中国的基础研究水平和创新能力有了快速的增长，大多学科领域已接近或达到世界先进水平，其中如高温铁基超导、量子通信和高性能计算等走在了国际研究的前列。但也必须看到，中国基础研究和原始创新能力与世界科技强国相比还有较大差距。缩小差距，推动中国基础研究和原始创新能力跨越发展，是摆在我们面前的艰巨任务。笔者以一个从事应用基础研究者的亲身体会，对培养基础研究人才存在的问题发表一点看法。

人才是基础研究和原始创新的关键。中国从事科研人员的总数与美国相当，但对人类有重大贡献的理论和原始创新成果少，缺乏在国际上拔尖的领军人物和科技帅才。国家自然科学基金和"973计划"等是培养基础研究人才的重要举措，尽管对自由探索项目投入的经费强度逐年增加，但在目前对申报科研项目评价标准（如要求有明确的技术路线等）和评审专家的惯性思维条件下，具有创新活力的青年科技人员的"奇思妙想"却很难得到经费支持，加之现行的单纯依靠科技论文、专利和取得的科研经费多少作为提职晋级的标准，青年科技人才的脱颖而出困难重重。相反，那些跟踪国际前沿热点（如碳纳米管、石墨烯、拓扑绝缘体等）的申报项目却比较容易得到批准。笔者不反对紧跟国际热点领域的研究，而是希望科技人员特别是青年科技人员，发扬勇于攀登科学高峰的精神，敢于向科技权威挑战、多做些前人没有做过的自由探索工作。另外，国家应给从事基础研究的人员创造一个良好的生态环境，给予长期、稳定的支持，要宽容失败，为他们提供适合其发展的土壤，以期做出具有原创性的重大成果。

建立和谐的"国外引进和自己培养"相结合的基础研究队伍。中国在引进国外优秀人才方面，已出台了诸如国家的"千人计划""青年千人"、中国科学院的"百人计划"、高校的"长江学者"和"特聘教授"等政策，这无疑是加强中国基础研究队伍建设的一条捷径，但在不同学科交叉融合更加紧密的今天，如果引进的仅是个人，而非一个团队（或引进单位缺乏相应的研究基础），即使个人很优秀，也恐难有大的作为。国家自然科学基金委员会推出的"杰出青年""优秀青年"和"创新团队"基金措施，对培养基础研究和创新人才起到了很好的作用，这是应当充分肯定的。目前，在缺乏针对引进人才业绩的评估情况下，国家和相关单位对国内自己培养的人才和国外引进人才的生活待遇相比，差距较大，不可避免地带来负面影响。近年来，在"杰青""优青"和"创新团队"基金评审过程中，拉关系、托人情等违规活动有增加的趋势，这直接影响选拔人才质量和公平竞争的原则。一些"创新团队"也存在拼凑的嫌疑，值得关注。

不同学术观点的争鸣和碰撞，往往会产生意想不到的崭新的学术思想，从而提高科研人员的研究水平。然而遗憾的是无论在学术会议上，还是在学术报告讨论时，这种交锋已很少见。有些做基础理论研究的人员，团队思想比较淡薄，常是一个人带 2~3 个研究生，"单打独斗"，为了争取科研经费或提职晋级，甚至同行之间相互保密，更谈不上学术交流。

同样，缺乏科学合理的用人制度也阻碍了基础研究和创新人才的成长。目前，很多研究机构和高校的领导层都是从做出优异成绩的中青年科研人员特别是从取得院士头衔的优秀中青年科学家中选拔。一旦他们步入科研院所和高校的主要领导岗位，繁忙的行政工作使他们难以静下心来脚踏实地做研究工作，他们逐渐脱离了科研第一线，除了管理者的权利、名气外，往往在其专业领域的学术地位会渐渐消失，从而在一定程度上制约了"拔尖"基础研究人才的成长。

加强科研经费的监管，对创新人才的成长也很重要。以"十三五"某些专项为例，其中一些由科研院所或高校研究人员牵头的应用基础研究项目，指南要求 1:2 的资金匹配，这些资金只能从企业来，其中至少国拨经费的 1/5 左右便流入企业的口袋。如果企业匹配的资金不能到位，加之项目的用房、水电动力、人员工资等都要由项目组承担，这将给项目研发人员带来沉重的负担。

总之，加强基础研究、提高原始创新能力是一个复杂的系统工程，需要全社会的共同努力，在创新驱动发展战略的指引下，相信在不远的将来中国一定能走在世界科技的前列，实现科技强国梦。

（原文发表于《科技导报》2016 年第 18 期）

秦伯益，药理学家，中国工程院院士。现任军事医学科学院学术委员会主任委员。曾任国务院学位评定委员会学科评议组成员、中国医学基金会副会长。主要研究方向为神经精神系统新药评价工作。

应试教育扼杀个性，
应试科研扼杀创新

中国的教育在"应试"，中国的科研也在"应试"。应试教育扼杀了人的个性特长，应试科研扼杀了人的创新精神。

在应试教育下，教育的一切活动都围绕着统一高考的指挥棒在转。为了统一高考，我们统一了教材、教学大纲、复习提纲和考题，结果，学习内容、思维方法、行为模式都得到了限制；最后，学生的大脑也得不到良好的发展。"统一高考"的劣势，不在于"考"而在于"统"。一"统"之后，老师不能发挥各自的教学专长和特色，学生不能发展各自的才能和兴趣，培养出来的仿佛都是一个模子里刻出来的工艺品，无法满足社会的多元需要，弊端十分明显。

应试教育对真正有特长的"偏才""怪才"最为不利。很多大科学家、大发明家、大理论家、大企业家，并没有高学历，也没有应试的好成绩。英雄不问出处，自古皆然。中国现在创新人才的缺乏，是中国长期陷于应试体制中的恶果。这长期既包括几千年的传统文化，也包括新中国成立后的教育政策。

尽管教育界众多学者对应试教育批评很多，但主管部门尝试多种方法仍未找到出路。21 世纪以来，教育相关部门对各高等学校进行统一评估，提出采用学科、学生数、创收、奖项、论文、基金、学位等可以量化的诸多"硬指标"，对各大学进行层层评估、频频评估。各学校领导为此疲于奔命。

考评学校的刚性的量化指标，产生了不同学校同质化的现象。同质化的学校培养出来了同质化的学生，结果大学毕业生求职困难，用人单位求才不易。学校应该是多元的，因为教师的专长是多元的，学生的兴趣和特长也是多元的，以多元的老师教多元的学生，才能教出多元的人才，满足社会多元的需要。这原本是人才成长的自然生态。

现在中国科研工作也在围绕着应试体制运转。一个大学生刚走出应试教育的牢笼，立即就跨进了应试科研的樊篱。学位、职称、职务、基金、论文、成果、专利、奖励等，无不需要层层"应试"，哪里还有自由探索的空间和条件？待到各种"应试"过了，可以自由地探索一些问题了，却发现岁月蹉跎，青春老去。年轻时忙于"应试"，"应试"过了，已是强弩之末。

应试体制不改变，科教兴国的宗旨就会"走样"，科教兴国的目的就难以达到。高等学校应该以教育为主，如果现在为了博取研究型大学、创新型大学等名头而陷入应试科研体制中，既做不好科研，又影响了教育，是得不偿失的。这种倾向目前是存在的。现在很多大学校长都在探讨高考的改进办法，但改来改去都是技术层面的改变，如考试科目的设置、评分标准、考场监管、地区名额分配等，这些技术性问题万改不离其宗，是不可能根本改好的。恢复世界各国通行的校长负责、教授治校、自主招生、自授学位等行之有效的办法，高校才能办得多元化、有特色、高水平，才能培养出有个性、有智慧、有担当、有特长的学生。

大学校长应该是教育家或懂教育规律的专家，不应仅是某一专业的学者，更不应被磨合成行政官员。学校应按教育规律办教育，不应受政治、经济、行政、利益、人际关系等影响。

各级考核任免都应由各自的上级管。校长管系主任，系主任管教研室主任，教研室主任管课题组长，课题组长管下属科研人员。不必担心权力下放后逐级用人会出现不正之风，这种现象不会成为主流，因为如果用人者任人不当，势必会影响用人者本人的业绩，进而影响到他自己的职业发展。

"十年树木，百年树人"，教育和科技的进步都是慢功夫，最忌急功近利，科教文化的建设应该备受重视。科教文化不是开一个大会，喊几句口号或搞几次活动就能繁荣和发展的。现在"科教兴国"已作为中国国策确定了下来，但"谁兴科教""如何兴科教"却始终没有解决好。回顾改革开放后，在科教文卫领域都曾提出过"产业化"的方针，结果并不好。在教育领域，产业化的结果，造成了教育界的种种弊端。在科研领域，应用研究的后期应该向产业化发展，但基础研究如果也要产业化，就会导致急功近利，误导了它的原创动力。

就科技创新来说，它的前提是思想解放、文化觉醒，中国正需要一次彻底的全民启蒙。也应该看到，新中国成立后，中国的科学技术在物质条件上的进步很大，但由于文化的滞后使得创新的动力不足。文化的觉醒会促进科技进步，科技的进步也会促进文化的发展和繁荣。科技进步与文化觉醒，两者将相互影响、相互促进，贯穿在中国现代化建设的全过程之中。

世界各国科技创新的基础都在于继承优秀传统、倡导思想解放、鼓励自由探讨。中国当务之急应是克服应试体制对教育和科研的捆绑，让教育与科研以各自的规律来运行。世界发达国家都是这样做的，中国也不会是例外。

（原文发表于《科技导报》2017 年第 8 期）

第三章

前沿热点

　　"前沿热点"共选取 14 篇文章，按照学科分类顺序，包含物理学（暗物质探索、自旋）、材料学（复合材料、材料系统工程）、能源（地热）、交通（高铁、空铁）、环境以及医学等学科方向的最新进展，展示该领域的前沿热点及面临的机遇和挑战，引领国内相关学科的发展。

吴岳良，理论物理学家，中国科学院院士。中国科学院大学副校长。曾任中国科学院理论物理研究所所长。主要研究方向为基本粒子物理、量子场论及宇宙学。

探索暗物质属性——新物理的突破口

吴岳良

在过去的几十年中，人类对于整个宇宙的认识取得了辉煌的成就。逐渐累积的大量天文观测数据表明了暗物质的存在。我们的宇宙中，已知的基本粒子只占整个宇宙的不到5%，约25%是通过引力效应观测到的不发光的暗物质。但暗物质的属性是什么仍然是个未解之谜。描述微观粒子相互作用和运行规律的粒子物理标准模型取得了巨大的成功，然而粒子物理标准模型里却没有暗物质粒子的候选者。对暗物质的研究将极有可能孕育出新物理的重大发现，对于未来的基础科学发展具有重要的影响。正因为如此，目前世界各国都非常重视对暗物质属性的研究。中国在《国家中长期科学技术发展规划纲要》《国家"十一五"基础研究发展规划》等发展规划中也都把暗物质研究列为重要的科学前沿问题。科技部、中国科学院、教育部、国家自然科学基金委员会等相关部门都对暗物质的探测和研究给予了高度关注和重视。

2010 年，科技部优先启动了"973 计划"项目"暗物质的理论研究和实验预研"前沿交叉课题，笔者作为该项目的首席科学家，通过该项目的实施，组织科研院所和大学的相关科研队伍，凝聚国内的优势力量，开展强强联合。该项目共设置 6 个子课题：①由中国科学院理论物理研究所周宇峰研究员负责的暗物质理论研究及相关新物理唯象；②由中国科学院紫金山天文台常进研究员负责的暗物质空间探测实验研究；③由中国科学院高能物理研究所杨长根研究员负责的暗物质地下探测前沿技术预研；④由中国科学院理论物理研究所蔡荣根研究员负责的暗能量理论研究和地面探测方案研究；⑤由上海交通大学季向东教授负责的暗物质吨级液氙探测器预研；⑥由清华大学岳骞教授负责的高纯锗阵列暗物质实验预研。该项目的特色和目标是要充分利用理论研究与实验探测设计相结合和多学科交叉融合的优势，积极发挥理论的先行作用。突破探测器的关键技术，优化实验探测方案设计，为开展对暗物质的空间和地下探测、暗能量的精确测量等提供可靠的物理依据和可行的实验设计及有效的探测方案。同时，紧密结合实验观测，基于对称性等基本原理和量子场论，建立自洽的超越粒子物理和宇宙学标准模型、能解释暗物质、暗能量的可能的机制和理论。

在"973 计划"和相关配套项目的支持和推动下，中国的暗物质实验探测和理论研究均取得了重大进展。一是在中国暗物质研究力量方面，从弱到强建立了一支能够进行多学科交叉研究的理论和实验队伍，培养了一批优秀的年轻人才。二是在中国暗物质实验探测方面，从无到有形成了地下到空间的直接和间接暗物质探测两大平台，突破了一系列关键探测技术。三是项目的实施促进了理论与实验结合，各课题之间开展紧密而又实质性的交叉融合。四是形成了良好的学术氛围，不仅促进了项目内部之间的合作交流，还推进了国际合作交流，极大地提升了项目的创新能力和国际竞争力。

尤其在暗物质空间探测方面，研制了以硅阵列探测器和塑闪阵列探测器为径迹探测器、BGO量能器为能量探测器的DAMPE暗物质粒子探测卫星。通过中国科学院先导项目的特别支持，暗物质粒子探测卫星"悟空"已于2015年12月17日发射上天，成为中国首颗暗物质探测卫星，也是中国首颗科学卫星。在暗物质直接探测方面，从无到有，在四川锦屏山建立了中国第一个深部地下实验室。以清华大学为主的CDEX实验组从地下实验室屏蔽体建设、20g和1kg质量的原型探测器性能研究、10kg高纯锗阵列探测器模拟设计、液氩低温反符合系统模拟设计和建设、液氩反符合探测器原型性能研究和液氙探测器关键技术研究、暗物质实验数据分析和物理分析等多个方面开展了卓有成效的工作。实验组利用建成的1kg高纯锗探测器开展暗物质实验研究，在低质量区取得了有国际影响的研究成果。PandaX实验组利用气液氙两相型时间投影室的技术来探测暗物质。建造了一个容纳450kg液氙的探测器，得到了基于37kg液氙的暗物质探测结果。高能物理研究所实验组研究发展了惰性液体探测器、晶体探测器及过热液滴气泡探测等新技术。建造了液氩探测器模型，用于研究液氩探测器相关技术、改进和创新探测器设计，为液氩探测器在研究新物理的应用进行预研。

在理论研究方面，中国科学院和高校的联合课题组提出了解释暗物质的模型和机制，开展了针对PAMELA/ATIC/Fermi和AMS-02以及其他可能的新实验结果的唯象分析和理论模型建立。发展了能统一解释直接和间接实验探测结果的理论机制，对暗物质模型的增强机制及参数空间进行了完整分析。针对实验探测和设计，提供物理基础和理论依据。结合实验观测结果，基于对称性等基本原理和量子场论，建立超越粒子物理标准模型的相关暗物质理论模型。暗物质理论研究为实验的开展发挥了重要的推进作用，做出了具有国际影响的工作。

当前暗物质的实验和理论研究发展十分迅速。全世界暗物质探测的实验多达数十个，国际竞争十分激烈。中国已经具备了比较充分的实验和理论研究基础，有能力做出具有重要国际影响的工作。有理由相信，充分利用中国天时地利的优势，我们将会在未来的暗物质理论和实验研究中取得更大的进展。

（原文发表于《科技导报》2016 年第 5 期）

都有为，磁学与磁性材料专家，中国科学院院士。现任南京大学物理系教授等职。主要研究方向为磁学和磁性材料。

自旋——未来的科技明星

都有为

　　磁与电宛如一对孪生兄弟，难以分离。原子是物质的基本单元，原子核以及组成原子核的基本粒子都具有磁矩，但其中中子、微中子等具有磁矩却没有电荷，从此角度考虑，磁比电更具有普适性。然而，人们对电的了解更胜于磁，追其原因，人们的日常生活离不开电，如：电话、电灯、电视、电脑、电动机等，人们没有进一步思考电流是如何产生的，最基本的原理是磁通量的变化产生电流，反之，电流产生磁场，因此，通常磁与电是相互关联的。磁的基本单元是自旋磁矩，电荷与自旋都是电子的本征特性，以往人类社会的发展，从物理的观点来看主要利用电子具有电荷的特性，如电工学奠定了第二次产业革命（电气化）的基础；电子学与微电子学奠定了第三次产业革命（信息化）的基础，而自旋的作用仅体现在磁性材料及其器件中，例如电气化中的发电机、电动机、变压器等离不开磁性材料，同样，信息化中储存信息离不开磁盘、磁带等。在电工学、电子学与微电子学中主要研究电场调控下的电子电荷的运动，没有涉及电子的自旋。人们不禁要问：为什么同样是电子本征特性的自旋在电子输运过程中不呈现呢？

原因是电荷是与方向无关的标量，而自旋是与方向有关的矢量，电子在晶格中运动时电荷的性质不会变化，但是自旋的方向可以翻转。在电子输运过程中，电子的运动将受到晶格的散射，电子保持其自旋方向不变所经过的距离称为电子自旋扩散长度。通常对磁性材料电子自旋扩散长度大概在纳米量级，对半导体、有机材料可达亚微米至微米量级。假如电子输运的距离远大于自旋扩散长度，那么由于自旋的翻转导致自旋朝上与朝下的几率相当，统计平均结果不会显示自旋的特性。而对于电工学，微电子学所研究的对象通常尺寸大于自旋扩散长度，因此在输运过程中不考虑电子自旋的特性是合理的。

20 世纪 80 年代，科学家在（Fe/Cr/Fe）n 纳米多层膜中发现了巨磁电阻效应，其物理本质是电子在薄膜厚度小于自旋扩散长度的多层膜中运动时，输运过程中将保持自旋极化电子的自旋方向，通过外磁场可以改变自旋方向，从而改变电阻值。这个发现开拓了在电子输运过程中通过调控自旋，显示与利用自旋特性的新领域，从而产生了重要的自旋电子学新学科。以磁场调控自旋的特性为基础，利用巨磁电阻效应 GMR（giant magnetoresistance）与隧道磁电阻效应 TMR（tunneling magnetoresistance），首先制备成了高灵敏度的磁盘读出磁头，使磁盘的记录密度提高 1000 倍，至今保持着信息存储的主流地位，其产值已超过 300 亿美元。此外各种利用磁电阻效应的新型传感器相继出现，自旋传感芯片产值达到 70 亿美元，自旋磁电信号耦合芯片达到 50 亿美元，其应用领域十分宽广。鉴于其基础研究的意义与宽广的应用前景，发现巨磁电阻效应的法国科学家艾尔伯·费尔（Albert Fert）与德国科学家彼得·格林贝格（Peter Grünberg）获得了 2007 年度的诺贝尔物理学奖。

继传感器实用化后，与微电子技术相结合，采用电流重合法调控自旋，研发成磁随机储存器（MRAM）。为了降低调控自旋的磁场电流，利用自旋转移矩（spin toque transfer，STT）效应，采用自旋极化电流直接调控自旋的磁随机储存器（STT-MRAM）进一步降低功耗，使MRAM进入到重要的发展阶段，2006年后已步入实用化。欧洲空客350就采用了MRAM；2012年提出同时利用电场调控自旋的低功耗的磁随机储存器（MeRAM）现正处在研发转向应用的阶段。上述不同类型的磁随机储存器可统称为信息存储与处理用的自旋芯片，可望自旋芯片成为后摩尔定律时代强力的竞争对手。自旋芯片优点如下：非易失性，抗辐射性，高集成度，高运算速度，低功耗，长寿命。与DRAM相比具有的优点包括非易失性、抗辐射性和高运算速度。与Flash相比具有的优点包括低功耗、长寿命以及存取速度比Flash快1000倍。此外，除做内存外，尚可做外存，在自旋芯片中磁盘与芯片可以合二为一。自旋芯片兼具静态随机存取存储器（SRAM）的高速度、动态随机存取存储器（DRAM）的高密度和Flash的非易失性等优点，其抗辐射性尤为军方所青睐，原则上可取代各类存储器的应用，成为未来的通用存储器。自旋芯片属于核心高端芯片，是科技关键核心技术，可军民两用，具有高达上千亿美元的巨大市场前景，有可能成为后摩尔时代的主流芯片，是高科技的重要战略领域，应当引起中国高度重视，组织力量，急起直追，发展有中国自主知识产权的自旋芯片，才有可能免蹈引进半导体芯片的历史覆辙。

自旋电子学是奠定在利用电子自旋特性上的新学科，与器件开发和实际应用紧密结合，正处于迅速发展的阶段，其研究内涵与领域在不断地发展中，已从磁电子学发展到半导体自旋电子学以及分子电子学，必将在众多的领域中崭露头角，发挥其重要作用。自旋是矢量，从物理观点看来自旋应当比电荷具有更丰富的物理内涵。自旋不仅在电子学领域初露峥嵘，在催化、生物、医疗、超导等诸多领域已显示出其特色，人类对它的认识与应用尚处于序幕阶段。

20 世纪也许可称为"电荷"的世纪，人们充分地调控电子具有电荷这一自由度，从而实现了人类社会电气化、信息化，创造出从二极管直到超大规模的集成电路、半导体芯片，奠定了信息社会的基础。21 世纪，未来也许是属于"自旋"的新世纪，人们正在充分地利用、调控电子的另一个本征的自由度"自旋"，推动着社会迈向新的阶段。

（原文发表于《科技导报》2014 年第 25 期）

翟明国，前寒武纪与变质地质学家、岩石学家，中国科学院院士，第三世界科学院院士。现任中国科学院地质与地球物理研究所研究员，中国科学院大学资深讲座教授。主要研究方向为前寒武纪地质学与变质地质学、岩石学和成矿学。

重要科学前沿：
前寒武纪克拉通地质演化

翟明国

　　地球约有 46 亿岁，以 5.42 亿年的寒武纪为界，之前约 40 亿年的地质时代称为前寒武纪，古老的稳定大陆块体称为克拉通。地球上何时出现初始陆壳，它是如何生长并形成稳定大陆的，是固体地球科学研究的核心内容之一。前寒武纪（5.4 亿年前）是陆壳形成、生长、壳幔圈层分异耦合（克拉通化）并形成稳定陆块（克拉通）的阶段，表现为漫长时间尺度上的一系列重大地质事件。揭示这些事件的性质和过程，认识大陆形成和早期演化的特殊规律，对于理解大陆动力学以及未来的地球命运都具有重要意义。

　　作为地球的近邻，月球的陆壳主要由斜长岩组成，它的年龄是 44.6 亿年。月海是陨石撞击坑中月幔部分融化来的玄武质岩石。从地球分离出来的硅酸盐岩浆洋通过结晶分异可以直接形成斜长岩。目前已有的地球上地壳的最古老物质记录，是澳大利亚 Jack Hill 太古宙沉积砾岩中的碎屑锆石，它的年龄是约 44.5 亿年。锆石来自富钠质的花岗岩（TTG 片麻岩），也就是说，以花岗质岩石为代表的地球上的陆壳岩石至少在 44.5 亿年前就已经存在，和月壳的年龄相似。值得注意的是，TTG 片麻岩不能直接从地幔中熔融出来。很多人假设地球应该先有大洋，然而至今没有找到能被科学界公认的代表古老大洋的岩石。

大陆的形成演化大致可以分为以下 5 个阶段：地球核幔的分异以及初期的硅酸盐洋；38 亿年前有规模的早期陆壳的形成；巨量的陆壳形成期，到 25 亿年前出现稳定大陆（超级克拉通）；25 亿 ~23 亿年前，一个特殊的地球演化的"静止"阶段，而后是大氧化事件，使地球有了富氧的大气圈层和海洋圈层，促成了生物的发育和演化，以及初始的造山带活动，指示地球"早期板块构造"的启动；从 18 亿年前到 7 亿年前的地球"中年期"，长达 10 亿年之久的地球稳定阶段，直至大规模的地幔柱活动、裂谷事件、雪球事件，然后进入显生宙，即地球进入现代板块构造阶段。大陆的演化涉及了几乎所有固体地球的科学问题，研究热点主要包括：①早期洋壳、陆壳的形成机制；②早期陆壳的物质组成以及成熟化过程；③早期地壳热体制与板块构造的启动时代；④大陆成矿作用的时代属性与不可重复性；⑤早期地球环境与生命协同演化；⑥与现代地质学和比较行星学的结合，孕育着崭新的学科——地球未来过程学，它将瞄准地球演化到老年时的地质运动与地球环境。

华北克拉通是中国面积最大、形成演化时代最长、变质最强烈的稳定陆块，也是世界上最具代表性的克拉通之一。中国学者通过多年努力，在华北克拉通早期陆壳的生长、形成和早期演化等方面有重要发现和系统性成果，成为中国地质科学在世界上为数不多的领先研究领域之一，受到国际学术界的高度关注，为早期大陆形成演化和构造体制增添了新的科学内涵。其代表性研究成果有：①厘定华北克拉通发生了多期陆壳增生事件，经历了两期克拉通化，建立了早期陆壳演化的构造格架，特别是 25 亿年的克拉通化事件及其全球意义受到国际学界的极大关注。②在华北克拉通首次发现了可以作为块体聚合标志的高压变质岩，包括高压麻粒岩和退变榴辉岩。通过对这些高压岩石的系统调查和研究，揭示了大陆俯冲—碰撞—抬升的完整造山过程，该过程最后完成于 19 亿~18 亿年前。此成果为确定地球早期板块构造机制的启动提供了依据，把板块构造的起始时间提前了约 8 亿年，为构造单元的划分和早期拼合模式的建立奠定了坚实的基础。③在华北克拉通构建了目前世界上最完整的前寒武纪下地壳地质剖面，阐明了地壳垂向分异对稳定大陆形成的贡献。系统认识和归纳了早期陆壳形成演化的特殊规律，包括 27 亿~25 亿年前陆壳物质的多期生长与改造、25 亿年前微陆块拼合、22 亿~19 亿年前复杂裂谷－碰撞等，创新地提出了多阶段克拉通化的概念。④提出华北克拉通 18 亿年基性岩墙群及相关的大火成岩省事件标志着华北进入地台型演化阶段。厘定了中－新元古代的岩浆－裂谷沉积系列，揭示了中－新元古代在现代岩石圈构建过程中的重要意义。⑤首次系统地总结了大陆形成以来的固体矿产资源随时代演化的特性以及不可重复性，剖析了资源与地壳演化的密切关系。⑥探讨了地球的热体制对构造演化机制的制约作用，提出了前板块构造、初始板块构造和现代板块构造的理论假说。

（原文发表于《科技导报》2014 年第 25 期）

杜善义，力学和复合材料学家，中国工程院院士。现任哈尔滨工业大学复合材料研究所教授，中国科学技术大学工程科学学院院长。主要研究方向为断裂力学、飞行器结构力学和复合材料的教学和研究工作。

复合材料与战略性新兴产业

杜善义

　　复合材料是 20 世纪最重要的人工材料之一，也是继金属、陶瓷、高分子材料之后的第 4 类材料。复合材料是由两种或两种以上材料复合而成的，组分材料间具有明显界面，能够充分发挥组分材料各自的优势，并能获得各组分材料所不具备的性能。复合材料的发展源于国防、航空航天领域需求的牵引，经过研发与应用水平的提高而不断更新换代后，被推广到船舰、交通、能源、建筑、桥梁以及休闲等领域。从"二战"时期，玻璃纤维增强复合材料应用开始，到目前以碳纤维增强复合材料为代表的各种先进复合材料，均以其优越性能和可设计性等突出优点，备受关注。

　　21 世纪，先进复合材料将成为新材料发展的重要方向。新材料本身就是高新技术之一，同时又是其他高新技术的基础和先导，而材料复合化又是新材料技术发展的重要趋势。从航天航空领域来看，只有复合材料才有可能在现有材料基础上将其性能提高20%~25%。这是因为复合材料热稳定性好，比强度、比刚度高，可用于制造飞机机翼和前机身、卫星天线及其支撑结构、太阳能电池翼和外壳、大型运载火箭的壳体、发动机壳体、航天飞机结构件等。其次，从汽车制造来说，汽车材料技术发展的主要方向是使汽车轻量化，减轻汽车自身重量是降低汽车排放、提高燃油效率的最有效措施之一。汽车的自身重量每减少10%，燃油的消耗可降低6%~8%。预计在未来10年内，轿车自身重量还将继续减轻20%。汽车轻量化重要的手段是新型轻量化塑料材料的开发与应用。目前"以塑代钢"已经从汽车结构件扩展到整个汽车的内外饰件。但这一切成果的取得必须通过材料复合化才能实现。

具体来看，复合材料的性能优势主要体现在3个方面：首先是提高结构效率。复合材料具有高比强、高比模等突出优点，它的应用可显著减轻装备结构重量，从而增加有效载荷，节约能量消耗或提高效率；其次是结构/功能一体化，可实现特殊功能，提高抗极端环境能力，进一步提高结构的安全性和功能性；最后是智能化，可提高材料对服役环境的感知和适应能力，并产生革命性的效果。事实证明，目前先进复合材料的应用水平和用量成为衡量新一代装备先进性的重要标志。

中国复合材料及相关产业一定会经历一个快速发展过程，未来市场潜力巨大。之所以做出这种判断，主要基于以下几方面原因：首先，先进复合材料在装备中的应用范围越来越广，不仅在航空航天领域进一步扩大，也逐步拓展到陆地、海洋、信息等各个领域。近年来，耐高温陶瓷基复合材料在航空发动机一些热端部件的应用取得了进展，如F-35发动机（F136）的第三级涡轮导向叶片，耐温可达1200℃，但是重量比传统材料部件明显减轻。另外，树脂基复合材料在航空发动机的较低温区应用效果明显，大幅减重和降低成本，如发动机风扇叶片和风扇机匣等位置，比如GE公司的F404发动机外涵机匣重量和成本均降30%。现代信息化海战对船舰的高隐身、高机动和长寿命提出更高要求，复合材料船舰结构技术将为提升装备生存能力和寿命期可承受成本作出重要贡献。美国加利福尼亚大学教授 Robert Asaro 说："同一个多世纪以前船舶结构中用钢铁代替木材一样，这也将是一场技术革命。"而复合材料在化工、纺织和机械制造领域也颇受欢迎。

其次，先进复合材料在装备中从非承力、次承力结构向主承力结构和全复合材料结构方向发展迅速，其用量越来越大。欧洲 A400M 运输机可以进行空中加油，完成长距续航，同时在 2 小时内，该机可改装作为空中加油机使用。该机复合材料用量达 35%~40%，其碳纤维复合材料机翼占翼结构重量的 85%，减重 20%~25%，开创了大型复合材料运输机翼的先例。

最后，随着装备向小型化、高性能化、高可靠性等方向发展，其服役环境越来越恶劣、要求越来越苛刻，许多新技术和创新思想受限于材料技术而难以实现。军用复合材料成为大幅度提高性能、拓展服役条件最为重要的技术途径，需求越来越强烈。长时间超高温环境下结构完整性要求，是高超声速飞行器关键部位热防护系统设计首先须要解决的技术瓶颈问题。陶瓷基复合材料体系最有望成为解决此问题的有效技术途径。

除市场发展的需要之外，复合材料本身的发展也越来越刺激市场的需求。过去，我们用玻璃纤维做出了复合材料玻璃钢，后来又用碳纤维做成了性能比玻璃钢高得多的复合材料，甚至可以跟铝合金相比。现在，科学家正在努力想办法把复合材料纳米化，即纳米复合材料。这种复合材料类似碳纤维，但我们将想办法将其做成比碳纤维性能更高的一种增强复合材料，这也必将进一步刺激市场需求。

目前，复合材料作为国家战略性新材料产业中的三大材料之一，得到了国家的重视和支持。未来，复合材料还将以其优异特性在节能环保产业、高端装备制造产业、新能源产业、新能源汽车产业发挥巨大的推动作用。

（原文发表于《科技导报》2013 年第 7 期）

顾秉林，物理学家和材料科学家，中国科学院院士，瑞典皇家工程科学院外籍院士。现任清华大学高等研究院院长。曾任清华大学校长。主要研究方向为材料物理和计算材料科学。

材料科学系统工程：
建立中国新材料产业体系的关键

进入 21 世纪以来，依赖于科学直觉与试错的传统材料研究方法，已严重滞后于当今技术快速发展的需求。革新材料研发方法，加速材料从研究到应用的转化进程，成为各国材料研究的最新发展战略。

2011 年 6 月 24 日，美国总统奥巴马宣布了一项超过 5 亿美元的"先进制造业伙伴关系"计划，而"材料基因组计划"是其重要的组成部分之一。"材料基因组计划"是通过高通量的跨尺度材料计算，结合大量可靠的实验数据，用理论模拟去尝试尽可能多的真实或未知材料，建立其化学组分、晶体和各种物性的数据库，并利用信息学、统计学方法，通过数据挖掘探寻材料结构和性能之间的关系模式，为材料设计提供更多的信息：①发展计算工具和方法，减少耗时费力的实验，加快材料设计和筛选进程；②发展和推广高通量材料实验工具，对候选材料进行筛选和验证，快速、大量、准确地取得材料计算所需的关键数据；③发展和完善材料数据库／信息学工具，有效管理材料从发现到应用全过程数据链；④改革多年来材料界形成的一家一户式的封闭型工作方式，培育开放、协作的新型合作模式。此项计划的发展目标是整合新材料研究过程中的团队，使其在新材料研制周期内各个阶段相互协作，加强"官产学研用"相结合，注重实验技术、计算技术和数据库之间的协作和共享，最终将新材料研发时间缩短一半、成本降低到现有的几分之一，以期加速美国在清洁能源、国家安全、人类健康与福祉及下一代劳动力培养等方面的进步，增强美国的国际竞争力。通过"材料基因组计划"实现通过理论模拟和计算完成先进材料的"按需设计"和全程数字化制造的终极目标。

2014年12月4日，美国白宫网公布了《材料基因组战略规划》，将其提升到了新的战略高度。在新的规划中提出了当前材料科学与工程和材料基因组计划实施过程中所面临的4大关键挑战：①材料研发与部署的文化转变；②实验、计算和理论的整合；③数字化数据的访问；④世界一流的材料人才。该战略计划首次提出了生物材料、催化剂等9个重点材料领域的61个发展方向作为材料基因组计划重点发展方向。世界其他科技先进国家或地区，如欧盟、日本、加拿大、俄罗斯等也已经启动了类似的科学计划。

中国在20世纪末已经开始研究提高材料研发效率的先进方法，如高通量组合材料芯片实验技术。目前中国先进材料的研发、产业技术水平与发达国家仍有较大差距，在国家重大需求及国家安全方面急需的高端制造业关键材料或部件大部分仍需依赖进口，关键材料自给率只有约14%。为了加速中国新材料的研发过程，发展国家重要领域急需的关键先进材料，并为中国的新材料产业化体系提供技术和人才储备，必须要以全球视野谋划和推动材料科学研究的创新，抓住这次机遇，变革材料传统研究领域的思维方式和研发模式，进一步整合和完善中国的材料研究和产业化体系，从而实现振兴中国高端制造业的战略目标。

为应对美国提出的材料基因组研究计划，对中国如何规划、实施自己的科学计划提出建议并进行深入研讨，在中国科学院和中国工程院的推动下，2011年12月21—23日S14次香山科学会议在北京召开。在此前召开的由两院部分院士参加的筹备会上，大家认为："材料科学研究成分—结构—性能之间的关系，从新材料的发现、合成、性能优化、制备、应用、回收再利用，既有基础科学，又有工程科学，是一个系统工程。"因此，一致同意把那次会议定名为"材料科学系统工程"香山科学会议。

结合中国的国情，材料界的专家学者提出建设发展符合中国材料领域的"材料科学系统工程"，具体包含如下建议：

（1）共用平台协同建设。建立几个集理论计算平台、数据库平台和测试平台"三位一体"的"材料科学系统工程中心"，结合国家大科学工程设施，集中国内材料计算与模拟领域优势力量，通力合作，跟上并引领国际材料领域新一轮发展的浪潮。

（2）重点材料示范突破。选择几项国家急需的、战略需要的、国内有良好基础的结构材料和功能材料作为示范突破，通过与平台建设相结合，进行演示示范，为更大范围的推广积累经验。

（3）产业链条协同创新。成立一个包括政府机构、科学家和产业代表在内的指导协调委员会，全面协调从材料基础研究、软件开发、数据库建立、测试平台直至产业化的各项工作，以充分发挥中国社会主义制度在统筹科学研究和产业化革命的优越性；建议有条件的教育机构开设相关课程。

鉴证历史，新材料的发现以及材料研发技术的变革往往会成为影响人类文明进程的重大历史事件。展望未来，发展符合中国材料领域特色的"材料科学系统工程"对实现快速、低耗研发新材料和先进技术，对促进建立中国新材料产业体系具有极其重要的意义。发展"材料科学系统工程"需要选择几项国家急需的、战略需要的、国内具有优良基础的代表性材料作为突破口，建立示范作用，同时为大范围推广奠定基础。系统的材料科学工程需要在材料的发现、开发、制造和服役的全过程中，强调理论计算与实验研发紧密结合，实现材料创新的全程数字化，进行"多学科协同创新"。可以预见，中国材料领域的"材料科学系统工程"的建立，必将引导中国的先进材料产业在世界上占据有利的竞争地位。

（原文发表于《科技导报》2015 年第 10 期）

屠海令，半导体材料专家，中国工程院院士。现任北京有色金属研究总院名誉院长。主要研究方向为硅、化合物半导体、稀土半导体晶体生长，硅基半导体材料制备，半导体材料与器件性能关系，纳米半导体材料和高 k 材料等。

加强宽禁带半导体材料的研发与应用

宽禁带（一般指禁带宽度 >2.3 eV）半导体材料的研发与应用方兴未艾，正在掀起新一轮的热潮。其中碳化硅（SiC）和氮化镓（GaN）以高效的光电转化能力、优良的高频功率特性、高温性能稳定和低能量损耗等优势，成为支撑信息、能源、交通、先进制造、国防等领域发展的重点新材料。

回顾历史，20 世纪 50 年代中期出现 SiC 晶体生长的第 1 个专利。2007 年美国 Cree 公司成功制备直径 100 mm 的 SiC 零微管衬底，而后推出二极管产品并在技术和应用层面取得了长足进展。GaN 也是跨世纪前后方有较快发展，1993 年 GaN 外延蓝光二极管研制成功，1996 年白光 LED 诞生并迅速产业化；中村修二、赤崎勇、天野浩 3 人因"发明高效 GaN 基蓝光发光二极管，带来明亮而节能的白色光源的贡献"，获得 2014 年度诺贝尔物理学奖。

近年来，SiC、GaN 射频电路和电力电子器件显现出重要的军事应用和良好的市场前景，发达国家纷纷将其列入国家战略，投入巨资支持。2014 年初，美国宣布成立"下一代电力电子器件国家制造创新中心"，欧洲启动了"LAST POWER"产学研项目，日本则设立了"下一代功率半导体封装技术开发联盟"。美国计划在未来 5 年内，加速民用 SiC、GaN 电力电子器件的研发和产业化，预计节能效果大约相当于 900 万家庭用电总量。当前，中国发展宽禁带半导体具有良好的机遇和合适的环境。从消费类电子设备、新型半导体照明、新能源汽车、风力发电、航空发动机、新一代移动通信、智能电网、高速轨道交通、大数据中心，到导弹、卫星及电子对抗系统，均对高性能 SiC 和 GaN 器件有着极大的期待和需求。因此无论从国防安全出发还是以经济发展的视角，宽禁带半导体材料的发展空间都很大，市场前景也很好。发展宽禁带半导体材料需要关注以下 5 点。

第一，宽禁带半导体材料及应用具有学科交叉性强、应用领域广、产业关联性大等特点，需要做好顶层设计，进行统筹安排。中国在 SiC、GaN 半导体材料的基础研究、应用研究、产业化方面布局基本合理恰当，各计划之间注意了协同配合，相信在这次国际发展的浪潮中将会有令人鼓舞的进展。SiC、GaN 于发光领域的进展此处不再赘述，现当务之急是加速 SiC、GaN 电力电子器件的研发，拓展在民用领域的应用，抢占下一代功率电子产业的广阔市场，推动新一代信息技术、新能源产业和中国制造 2025 的快速发展。

第二，宽禁带半导体材料是机遇与挑战并存的领域。当前，国内 SiC 和 GaN 的研究与应用仍存在诸多问题，如衬底材料的完整性、外延层及欧姆接触的质量、工艺稳定性、器件可靠性以及成本控制等；其产业化的难度比外界想象的还要大。发展宽禁带半导体，一方面要依靠自主研发，实现技术突破，满足国防军工对 HEMT、MMIC 等器件和电路的需求，并随时将成熟技术通过军民融合向民用领域转移拓展。另一方面要充分发挥产学研用相结合的作用，开展以需求为导向、以市场为目标的研究与开发，做到克服瓶颈、解决难题、进入市场、用于实际。此外，加强宽禁带半导体材料研发及应用，急需引进和培养人才双管齐下，遴选领军人才、充实技术骨干、加快队伍建设。

第三，宽禁带半导体应用研究和产业化是中国的短板。因此需要设计、工艺、材料、可靠性、成品率、性价比全面满足各类应用系统的要求；同时要注重设备仪器、检验标准、税收政策、金融环境等全产业链和产业环境的建设，强化多方配合与协同发展，尤其要支持企业牵头的应用研发和产业化工作。SiC 和 GaN 民用领域广泛，会出现众多中小型科技企业，政府应出台政策、予以鼓励。

第四，宽禁带半导体是未来高科技发展的重要方向之一，新一代信息产品市场将是宽禁带半导体 SiC、GaN 发展的关键驱动力。2015 年，TriQuint 和 RFMD 两家公司合并成立 Qorvo 公司的目的之一，就是为了争夺未来 5G 移动产品和下一代无线网络和光网络的市场。由先进的 SiC 和 GaN 半导体技术带动的市场空间将是巨大的，其社会经济效益也会相当可观。目前，国际民用电力电子器件产业化发展仅处于起步阶段，尚未形成巨大的实际市场。如果集中力量协同创新，有可能在相关领域获得比较优势进而占据领先地位。

第五，SiC、GaN 材料适合制作高温、高频、抗辐射及大功率器件，能有效提高系统的效率，对发展"大智物移云"具有重要作用。SiC 和 GaN 器件不会取代硅集成电路。2000 年度诺贝尔物理学奖获得者阿尔费罗夫即认为："化合物半导体并非要取代硅，但它能做硅半导体做不到的事情。"未来，SiC、GaN 和硅将在不同的应用领域发挥各自的作用、占据各自的市场份额。即便是电力电子器件，宽禁带半导体材料也不可能完全替代硅，缘于应用和市场还会细分，同时也要权衡材料与器件的成本和性价比。因此，发展 SiC、GaN 材料与器件应避免热炒概念、一哄而起、盲目投资、互挖人才、低水平重复建设。

最近，更宽禁带半导体材料氮化铝（AlN）、氧化镓（Ga_2O_3）特别是金刚石的研发有了可喜的进展，国内多个大学和研究单位均研制出较大尺寸的金刚石薄膜及体材料，并得到初步应用的结果。展望未来，进一步加强宽禁带半导体研发与产业化，对军事国防安全和战略新兴产业发展将具有举足轻重的作用。相信我们有能力抢占宽禁带半导体材料及应用的战略制高点，为实现世界科技强国的宏伟目标奠定坚实的基础。

（原文发表于《科技导报》2017 年第 23 期）

汪集暘，地质 / 地球物理学家，中国科学院院士，国际欧亚科学院院士。现任中国科学院地质与地球物理研究所研究员。主要研究方向为地热和水文地质等。

"地球充电 / 热宝"
——一种地热开发利用的新途径

汪集暘

所谓"地球充电 / 热宝"（earth charger），是指以地球介质为载体的"地热 +"多能互补储 / 供能系统。该系统可将各种形式的能量储存于地下并按需求取出加以利用，是地热开发利用的一条新途径。地球是一个庞大的热库，但地热资源分布极不均匀，往往在有需求的地方没有足够的资源，在没有需求的地方资源又很丰富，存在供需矛盾问题。另外，中国西北、东北、华北地区弃风、弃光现象十分严重，有些地区高达 50% 以上。据报道，2017 年弃光、弃风的能量约为三峡水库全年的发电量。如何将这些废弃的能量储存起来并加以充分利用，是摆在地热界以至整个新能源和可再生能源界的大问题。

目前，国际上已经开始注意这一问题并提出"地球电池"（earth

battery）的概念。但这个概念不够全面，因为地球不是一个只能取用、不能储存的"电池"，而是一个可反复充电、用电的"电池"。因此，将它取名为"地球充电/热宝"更为贴切，也更为通俗易懂。

与传统的储能技术相比，"地球充电/热宝"至少具有以下优点。第一，规模大。一般水箱储热的容量均小于10^5立方米，而"地球充电/热宝"利用地下含水层储热的容量可大于10^6立方米。第二，应用广。"地球充电/热宝"不仅可以利用弃风、弃光剩余下来的能量，也可将城市中的废热、余热集中起来加以储存和利用。第三，跨季节。在中国诸如长三角等冬冷夏热的地区，可将夏季酷暑难熬时的多余热量存储于地下含水层中，供冬季严寒时取出来加以利用。第四，成本低。据初步估算，前述水箱储热的成本为40~100元/kW·h，若用"地球充电/热宝"储热，则成本大幅度降低，可降至0.1~20元/kW·h。

结合当前中国的实际情况来看，北方地区清洁供暖是摆在全国地热工作者面前的一个大问题。无论是北京城市副中心、雄安新区，还是京津冀和张家口冬奥会地区，地球充电/热宝都大有用武之地。举例来说，雄安新区所在的雄县地区，自2004年大规模开采深部震旦系雾迷山组大型岩溶热储的地下热水进行全县供暖以来，水位从2004年的地下42米急速下降至2012年的地下81米，8年间下降了39米，平均每年下降近5米。可以想象，这部分采出的地下热水空间若加以回灌补充，可储存巨大的热水体积，从而增加雄安地区的地热资源潜力。另外，张家口冬奥会所在地，经测算，单靠风力、太阳能光伏发电难以支撑冬奥会期间整个地区的高用能需求，为此，建议开发利用该地区的地热资源，将冬奥会真正办成一届高水平的绿色高科技盛会。

最后，应重视"地热+"的思维及应用。应该将地热这一地球本土（indigenous）的未来能源（future energy）和来自太阳系的其他新能源及可再生能源（诸如太阳能、风能、生物质能、海洋能等）结合起来一并加以开发利用，真正做到"多能互补、一能多用"，在实际工作中发挥更大的作用。为方便叙述，可将"地热+"的内涵概括为：天（太阳能）地（地热能）合一、动（风能、海洋能、生物质能）静（地热能）结合。实际上，目前建筑行业大力推广的所谓"近零能耗"建筑和供暖行业中的"区域能源网（站）"等也都是"地热+"概念的延伸或应用。

（原文发表于《科技导报》2018年第24期）

卢春房，铁路建设管理专家，中国工程院院士。京沪高铁建设总指挥，中国铁道学会理事长。主要研究方向为铁道科技、铁道建设。

中国高铁技术发展展望：
更快、智能、绿色

卢春房

经过 10 多年的创新发展，中国高铁的运营里程、在建规模已居世界第一，技术水平先进，社会经济效益明显，已经成为国家的一张靓丽"名片"。然而，技术进步是没有止境的，展望未来，今后几十年中国高铁技术的发展方向主要在以下 3 个方面。

1 更快高铁

速度更快是铁路科技人员永恒的追求。目前，高铁速度的提升有赖于以下几种形式。

（1）轮轨高铁。目前中国运营的高铁都是轮轨关系的高铁，最高行车速度 350 km/h。根据研究试验成果推断，轮轨关系高铁的最高商业运行速度不宜超过 400 km/h。其原因，一是环保节能的需要。就能耗而言，实测表明：当高铁速度是 420 km/h 时，其能耗相比于速度 400 km/h 时高 10.6%，增长迅速；就产生振动的噪音而言，速度为 420 km/h 比 400 km/h 提高 1.3%，会对高铁沿线居民造成较大影响。二是旅客舒适度的需要。速度在 420 km/h 时，车内噪音比 400 km/h 时上升 4%，乘客的舒适感下降，连带安全感也下降。目前，轮轨高铁实现 400 km/h 运行需解决的技术难题不多，主要在于节能降噪和标准制订。

（2）磁悬浮高铁。磁悬浮分为常导磁悬浮和超导磁悬浮，其中后者发展前景较好。日本正在试验建设中央新干线超导磁悬浮高铁，设计速度为 505 km/h。中国也迎头直上，已进行 600 km/h 磁悬浮技术的研究论证。目前，超导磁悬浮高铁需解决的主要技术问题是：①系统研究，突破车载超导块材及其低温系统、地面永磁轨道系统、直线驱动系统 3 大关键技术；②工程技术研究，包括设计方法、施工技术、施工装备等；③工程试验线建设，需立项建设一条 50~100 千米长的试验线，以验证和改进理论计算、设计施工方法。

（3）低真空管道飞行列车。真空管道飞行列车是高速磁悬浮技术与真空管道运行技术的结合，以解决空气阻力大、产生噪音高、能耗高等问题。研究表明，这种飞行列车最高运行速度为 4000 km/h，比飞机还快。目前美国在进行研究和局部试验工作，中国拟分时速为 1000km/h、2000km/h、4000 km/h 这 3 个阶段研究推进此项工作，首先研发低真空管道飞行列车。低真空管道飞行列车需解决的主要技术问题是：①系统方案研究，包括飞行列车一体化设计技术，复杂多物理场系统耦合分析技术、系统可靠性、安全性分析；②列车车体系统；③牵引动力系统；④真空管道与线路；⑤运行控制与通信信号；⑥安全防护与制动；⑦试验线路。

2 智能高铁

所谓智能高铁，就是通过大数据、云计算、物联网等信息技术和现代通信技术的应用，实现对旅客的智能服务和智能运输。目前，高铁的智能化已有一定基础，下一步重点要解决 5 个技术问题：①旅客自决策技术。旅客只要输入目的地和时间，网上便会自动提供多个方案以供选择，且提供如何到站、进站、乘车的选择方案。②环境感知技术。进出车站、进出动车均可通过手机引导，对候车环境自适应寻找。③免检技术。进站不再排队安检，而是通过高精扫描、感应技术远距离、快速、无感觉的安检。④调度指挥自动化。应用人工智能技术，根据客流情况自动生成线路运行图；根据突发情况，自动调整运行图并提供救援方案。⑤智能动车。在自动驾驶的基础上，动车运行状态能自感知，故障自诊断、保证安全自决策。

3 绿色高铁

绿色铁路包括绿色通道、节能环保和节约用地 3 个方面。

（1）绿色通道：主要研究植被覆盖和恢复技术，如沙漠、石漠、干旱、高原、高寒地区的植物培育和种植养护技术；铁路取弃土（石）场的植被快速恢复技术，把高铁建成绿色长廊。

（2）节能环保：深化研究轮轨关系和空气动力学，降低轮轨噪音和空气阻力；研究新型轨下基础，降低振动；研究新型动车，降低能耗。

（3）节约用地：研究双层车站、双层桥梁技术，减少用地；研究临时用地高质量复垦技术，避免土地荒芜；研究平原地区地下低成本修路技术，充分利用地下空间。

"更快、智能、绿色"是高铁的发展方向，不仅符合国家的要求、人民的期望，也顺应科技发展的潮流。随着科技的快速发展，我相信，这些愿景在不远的将来都将一一实现。

（原文发表于《科技导报》2018 年第 6 期）

翟婉明，轨道交通工程专家，中国科学院院士。现为西南交通大学牵引动力国家重点实验室首席教授、学术委员会主任。主要研究方向为轨道交通、工程动力学与振动控制理论及应用。

新能源空铁：一种有前景的轨道交通制式

随着中国经济的快速发展和人民生活水平的不断提高，汽车和旅游消费越来越普遍，使得大城市和旅游景区的地面交通变得拥堵不堪，同时还造成了环境污染。为了缓解地面交通压力，各大城市纷纷修建地下铁道。地铁投资大、建设周期长、路网有限，建成后同样人满为患。面对中国交通拥堵的现实压力，发展技术先进、经济合理、节能环保、灵活方便的空中新型轨道交通就成为城市立体化交通发展和缓解旅游景区交通压力的重要选择。

空中轨道交通主要采用高架轻轨交通、磁浮轨道交通、跨座式单轨交通、悬挂式单轨交通（空铁）等形式。每种交通方式均有各自的特点，空铁与其他高架轨道交通方式在形式上有重大区别：它不是将整个路面抬到空中，而只是将轨道梁通过支柱架设在空中，列车悬挂在轨道梁下方运行。近年来，空铁这种交通制式在中国有了创新研究与发展，引起了广泛关注，逐渐成为一些新建轨道交通项目的重要选择形式之一。空铁在建造和运营方面的突出优点如下。①运营安全性高。车辆走行机构始终封闭于箱形轨道梁内部，永远不可能脱轨。列车在空中有专有路权，运行过程中不会与其他物体碰撞，充分保障了系统的运营安全。②占地少、适应性强。空铁通过立柱将轨道梁架设于空中，占地少、垂直空间小；空铁线路最大坡度可达 10%、最小曲线半径仅为 30 米，地形适应能力强、最大限度减少了拆迁量。③投资小、工期短。每千米建设成本仅为地铁的 1/4~1/6、跨坐式单轨交通的 1/2~1/3，成本优势极为明显；轨道梁和立柱采用工厂预制、现场组装，施工简便，建设周期短。④噪声低、环境协调性好。空铁运营过程中无废气排放，距离车辆 6.5 米处的运营噪声为 65 dB，大大低于轮轨噪音。⑤运能适中、全天候运行。列车最高运行速度 60~80 km/h，最大运能 1.5 万 ~2 万人 / 小时。列车运行不堵塞、不受天气影响。⑥美观舒适、融于自然。根据当地的自然环境和人文元素，通过对列车外观、轨道涂装、车站建筑个性化设计，可使空铁与环境和谐地融为一体。

中国自 2011 年开始对空铁技术开展理论研究和可行性论证。2016年初，西南交通大学与中唐空铁集团、中车南京浦镇车辆有限公司、中铁第六勘察设计研究院集团有限公司、中铁宝桥集团有限公司、上海富欣智能交通控制有限公司、四川大唐能源投资有限公司等单位建立产学研协作平台，共同研发锂电池驱动的悬挂式单轨交通系统（新能源空铁），并在成都建成了世界首条新能源空铁试验线。试验线全长 1.41 千米，2016 年 11 月全线投入试运行。截至目前，已累计试验运行 3 万余千米，积累了大量试验数据，各项关键技术指标均达到了设计要求，标志着中国成为继德国和日本之后第 3 个掌握悬挂式空铁技术的国家。2017 年 3 月，以刘友梅院士为组长的技术专家组评审认为：新能源空铁属国内外首创，整体技术达到国际先进水平，其中大容量锂电池动力牵引应用技术和空铁列车－轨道梁桥耦合动力分析技术居国际领先水平。2018 年入选中国高等学校十大科技进展。

新能源空铁不同于德国和日本的高压供电方式，它采用锂电池作为动力，无需修建变电站和牵引变电所，轨道梁内不需要安装供电和受流设备，不仅节省了建设成本，而且沿线不会产生电磁污染，是绿色环保经济的轨道交通新制式。新能源空铁主要适用范围为：大城市的机场、高铁站、地铁交通的接驳线；山地城市或二、三线中小城市轨道交通干线；视觉景观要求高的主题公园、旅游景区往返线或景点联络线；大型商务区、开发区、功能场馆内部交通线。新能源空铁作为一种全新的轨道交通制式，尚处于推广应用初期。目前，四川大邑县晋原至安仁旅游基础设施——空铁项目已开工建设，线路总长 11.2 千米，计划于 2020 年开通运行。此外，柬埔寨金边市、菲律宾马尼拉市、泰国普吉岛等旅游空铁线也在积极推进。

新能源空铁的应用前景值得期待。

（原文发表于《科技导报》2019 年第 6 期）

赵煦，无人驾驶飞行器专家，中国工程院院士。曾任空军某试验训练基地第二试验站总工程师，专业技术少将。主要研究方向为航空器飞行力学与自主控制。

走向智能自主的无人机控制技术

随着信息技术的飞跃发展，作为"机上无人、系统有人"的无人机系统正在发生巨大变革。任务复杂和动态环境的不确定性决定了无人机必须具备很高的自适应性和自主能力。随着智能感知、先进导航／制导与飞行控制等关键支撑技术的快速发展，极大地增强了无人机飞行控制系统的鲁棒性、自主性和适应性，为复杂环境感知、精准智能决策与多机任务协同等高级智能行为奠定了重要基础。

早在 2002 年，美国空军研究实验室按照"观察、判断、决策、行动（observe–orient–decide–act，OODA）"模型确立了 10 级无人机系统自主控制水平（autonomous control level，ACL），从遥控驾驶（1 级）到完全自主（10 级），是行业内广泛认可的无人机自主控制水平评价标准。从目前所能够达到的技术水平看，飞行控制系统已基本达到 ACL–6

级的部分水平，即具备了部件级的故障诊断与重构，达到航线机上实时重规划等技术要求，可实现无人机集群中的战术协同。而要进一步突破无人机自主控制技术，就必须提高无人机系统的智能化水平。无人机自主控制的智能化主要体现在 3 个方面，即飞行的智能、决策的智能和集群的智能。无人机飞行的智能化是实现无人机决策智能和集群智能的基础，集群协同的智能化是实现无人机全自主这一终极目标的重要途径。

无人机自主控制是当今无人系统领域的研究热点，且近几年已发展成为无人机技术的一个关键研究领域。由于执行任务环境的高度动态化、不确定性以及飞行任务的复杂性，自主飞行控制能力的提高是目前无人机系统技术发展的重要目标。在科技部、国家自然科学基金委员会、中央军委科学技术委员会、中央军委装备发展部、中央军委联合参谋部、空军装备部、海军装备部、陆军航空兵、火箭军等支持下，中国学者和广大科研人员从无人机自主控制的基础理论、关键技术、工程应用、产业化推广等多个层面展开全面系统研究，并取得了很多高水平成果，目前正瞄准颠覆性技术和重大型号应用开展攻关。通过理论和方法上研究的突破，为无人机系统的自主化、综合化和智能化供了重要技术支撑，也推动了无人机应用的蓬勃发展。

战场环境瞬息万变，无人机通过多机间的自主协同能够应对更加复杂多变的作战环境，完成单无人机无法实现的任务。无人机的自主协同首先是信息的协同，利用共享跨领域传感器传输信息，提高执行任务时的协同能力，这其中涉及无人机分群、协同指挥控制、动态自组网通信、任务规划和目标分配等关键技术。无人机的自主协同控制主要解决多无人机间、有人机与无人机间的协作行为问题，实现信息不完全、不确定条件下异构平台分布式资源的动态分配与调度，面向任务需求的多平台协同路径规划，分布式系统的协同管理、决策与控制等，无人机集群自主协同还需解决态势共享以及语义模型统一问题。无人机系统的协同包括无人机和无人机之间、无人机和有人机之间、无人机和其他无人系统之间的异构协同。

无人机自主控制要做到智能任务，也就是无人机的任务执行要由无人机自主判断，这将极大改变现有的以地面站为中心的体系结构。基于模式识别（语音、文字、图像）的学习控制技术，将在无人机未来的发展过程中起到重要的作用，也是无人机理解任务、观察环境、自主决策的技术基础。无人机任务的智能还依赖于大数据环境下云计算和深度学习技术的发展，即通过对多源多粒度数据的深度学习，挖掘影响决策要素间的内在关联关系，这是无人机自主决策的基础。

无人机自主控制是一项前沿性关键技术。一旦有了人工智能这个突破性技术的植入，必将会对无人机的发展带来重大影响，特别是基于仿生学的无人机自主控制，无疑会带来颠覆性的技术突破，必将引领中国无人机自主控制技术由"跟跑者"向"并跑者"甚至"领跑者"迈进。

（原文发表于《科技导报》2017 年第 7 期）

许健民，卫星气象专家，中国工程院院士。风云二号静止气象卫星地面应用系统总设计师。主要研究方向为气象卫星资料在火灾、水灾等自然灾害中的监测评估，农作物长势监测评估，以及生态环境监测。

雾霾难逃气象卫星监测

许健民

2013 年 1 月发生在华北的雾霾天气，警示了中国大气污染不容乐观的严重形势。当时公众的感觉是：雾霾发生得更频繁、持续时间更长、与以前的沙尘天气相比更呛人了。大家自然希望知道雾霾发生的实际情况、历史演变趋势和原因。

气象观测中有能见度项目。最近几十年来，中国东部人口密集地区的能见度逐年下降。但是天气观测报告中的能见度纪录是人工目视估计得到的，它们不够客观、定量、细致。环保部门的细颗粒物观测记录开始于 2012 年年底，纪录的分布密度和历史长度都不足。

与传统的地面观测相比，气象卫星观测数据具有全球覆盖、时间序列长等特点。气象卫星可以对大气中的气溶胶、主要痕量气体、主要温室气体进行监测。在 2003—2014 年的 12 年期间，全球气溶胶光学厚度稳定的高值区，位于亚洲东部、印度半岛以及非洲北部附近；其中中国的华北南部、黄淮、江淮、江汉和四川盆地，是极端高值区，即全球范围内大气污染最严重的地方。与汽车尾气排放有关的氮氧化物浓度高值区，主要集中在京津冀、长三角、珠三角、四川、重庆等特大城市的周边，呈范围扩大、浓度升高的趋势。二氧化硫浓度的高值区，主要分布在河北、山东、河南、安徽、江苏、上海、重庆、贵州、珠三角等燃煤排放强度最大的地方。全球二氧化碳浓度的高值区，主要出现在北半球的经济发达地区，年增长率约为 2 ppm；中国的高值区主要集中于华北和长三角地区。2009 年全球金融危机影响中国，当时中国各地的气溶胶光学厚度一致降低：大范围工业生产的减少，带来了整体的环境质量改善。

大气污染需要综合的探测和治理，雾霾探测只是其中的一部分。要想更加科学合理地开展中国大气环境的治理，还需要对污染气体和温室气体等多种大气化学成分开展综合探测。中国气象局正在考虑充分利用风云系列气象卫星以及国内其他多源卫星的遥感监测优势，加强对霾以及大气其他主要化学成分的含量、影响区域以及区域之间的输送等开展监测和分析。中国气象局国家卫星气象中心在 2016 年发射风云三号气象卫星 D 星，这颗卫星上除了搭载原有的紫外探测仪器等 11 个仪器，还新增加温室气体探测仪器，实现对全球温室气体的探测。

此外，由科技部立项研制，中国气象局作为唯一用户的二氧化碳监测小卫星已于 2014 年 7 月转入初样研制阶段，于 2016 年发射，这不仅可以实现对全球热点区域大气二氧化碳的精确探测，同时卫星上的另外一个新型气溶胶探测仪器，可实现对气溶胶更加精确的监测。这些新的卫星应用技术不仅可以很大程度上帮助提升霾的预报、预警质量，对中国大气污染治理也将产生深远的影响。

气象卫星监测的结果，值得有关管理部门深思。依靠低水平规模扩张的方式发展经济，是不可持续的，再也不能继续下去。我们必须控制化石燃料的使用总量，必须控制城市汽车的总量，必须对工业经济的地理布局进行优化；工业企业自身，也必须不折不扣地实施清洁生产。如果不从这些方面入手，做深入细致的工作，严格地实施，并有效地监管，"呼吸上新鲜的空气，喝上干净的水"将只停留在美好的愿望之中。

（原文发表于《科技导报》2015 年第 17 期）

范云六，分子遗传学家，中国工程院院士。现任中国农业科学院生物技术研究所研究员、农作物基因资源与基因改良国家重大科学工程学术委员会主任等职。主要研究方向为植物基因工程和分子生物学。

农业生物技术科技创新发展趋势

范云六

21世纪，中国现代农业发展面临人口增长、资源短缺和环境恶化的多重压力。据测算，中国要保障2020年14.5亿人口的粮食安全，粮食产量必须比现有生产水平提高20%。中国农业资源人均占有量偏低，到2020年，人均占有耕地将由现在的0.11公顷降低到0.094公顷。耕地和水资源的刚性制约，严重威胁到中国粮食安全，单纯依靠常规技术和扩大生产规模难以满足未来不断增长的农产品需求。发展生物育种技术，加快培育优质、高产、高效农作物新品种，已成为保障国家粮食安全的战略选择。

农业生物技术研究的发展紧紧依赖于现代生命科学理论创新与技术创新的发展。当代生命科学的学科发展呈现典型的"两极化"特征——广泛与综合，纵深与精细。前者以"系统生物学""合成生物学"和"新生物学"等为代表，后者以不同研究层次的各种"组学"为代表，包括基因组学、转录组学、蛋白质组学、表观组学和表型组学等。研究技术的精准度也发生了质的飞跃：从生物个体水平到器官和组织水平再到细胞水平。生命科学研究正在成为 21 世纪自然科学的带头学科，并处于革命性变化的前沿。

基因组学、蛋白质组学、代谢组学等新兴学科的兴起为农业生物技术的发展注入了新的推动力。在重要生物基因资源的发掘与利用方面，基因来源多样化，从微生物、特殊生境植物等物种中挖掘抗旱、养分高效利用、营养改良等功能基因已成为当前研究的重点；全基因组关联分析技术、大规模基因组测序技术等新技术、新方法的发展，为规模化、高通量基因筛选提供了快捷手段，极大地提升了基因资源发掘与利用的效率。在解析农业生物重要性状形成的分子基础方面，开展转录和转录后调控、翻译和翻译后修饰、表观调控等不同层次的深度探索，呈现出从单个基因到信号途径再到调控网络这样一种明显趋势。在遗传改良分子设计的理论基础与技术创新方面，集成各种组学、计算机技术和各种实验技术等解析网络内各组分的互作关系，并在此基础上提出分子设计育种的模型。

当前，国际先进水平的农业生物技术研发模式特征主要体现在以下 4 个方面：①在研发领域上，农业生物技术不断向其他领域拓展和延伸，与环保、食品、制造、能源等领域交叉融合；②在研发方向上，从以粮食安全为重点过渡到粮食安全和营养安全并重；③在研发手段上，规模化和高通量技术应用日趋广泛；④在研发策略上，各国家政府以及跨国公司通过资源整合，实现技术优势互补，以期最大限度地占领和瓜分全球种子市场。

世界主要国家均把农业生物技术及其产业作为提高未来国家竞争力的重要战略选择，竞相投入大量的人力、物力和财力进行研发。在战略布局方面，为抢占生物技术的制高点，各国纷纷制定生物技术发展纲要

115

和规划。日本将生物技术产业上升到国家战略高度，重点研究领域放在基因组、功能性食品、环保、能源等方面。法国设立了 GenoPlant 项目，进行植物抗病、抗逆、营养高效、品质等相关基因的发掘。英国 John Innes 研究中心和澳大利亚植物基因组学中心等研究机构开展了大规模的水稻、小麦等应用基因组学研究。美国开展了"植物基因组计划"和 iPlant 计划，目标是发掘玉米等主要作物基因。孟山都、杜邦等跨国公司也竞相投巨资于生物技术育种，仅孟山都公司每年的研究开发经费就超过 10 亿美元。在产品研发方面，过去十几年间主要以对种植者有利的（如抗虫和抗除草剂）第 1 代转基因作物的大面积推广为主。当前，对消费者有利的第 2 代转基因作物（如富含 β－胡萝卜素的金稻和富含 Omega-3 的大豆）等蓄势待发，即将大面积推广。在工业、能源和医学领域具有重大应用潜力的第 3 代转基因作物也在积极开发中。其中，转基因抗旱玉米、转基因植酸酶玉米、不饱和脂肪酸优化型转基因大豆、能源用转基因玉米、生产人血清白蛋白的转基因水稻等在技术上已经成熟。

目前，从整体水平看，中国在转基因科技源头技术创新和技术储备等方面虽然取得很大进展，在发展中国家居领先地位，但与国际先进水平相比，特别是在自主知识产权基因挖掘、转基因育种技术体系等方面，还有相当大的差距。为推动生物育种的快速发展，亟须在如下领域实现技术突破。一是功能基因高通量挖掘与功能鉴定技术。将表型组学技术、基因组学技术、RNAi 组学技术、遗传学技术以及生物信息学技术相结合，对重要作物中控制株型、籽粒发育、花期、抗逆的相关基因进行系统发掘。二是作物转基因育种技术创新和新种质创制。利用信号通路重构等技术构建新型的基因表达功能模块，建立高效、安全、规模化和标准化的转基因操作技术体系，并与常规育种技术有机结合，创制具有重要利用价值的转基因作物新种质。三是培育具有重大应用前景的新产品，特别是营养、优质、抗逆等第 2 代转基因作物的研制。四是产业发展关键支撑技术。建立转基因作物环境安全评价技术体系、方法和服务平台，健全转基因产品风险评估及其质量安全监控技术体系，研发转基因生物及其产品精准检测技术，为生物产业的健康发展提供技术保障。

总之，做好战略规划和顶层设计、聚焦产业发展和国家需求、强化原始创新和集成创新、突破重大理论和关键技术是实现农业生物技术科技创新的根本路径，也是保障中国现代农业可持续发展的重要支撑。

（原文发表于《科技导报》2014 年第 13 期）

杨宝峰，药理学家，中国工程院院士。现任黑龙江省科协副主席等职，曾任哈尔滨医科大学校长。主要研究方向为抗心律失常和离子通道。

冉冉升起的新星：lncRNA 开启心脏发育和疾病的研究防治新时代

杨宝峰

人类基因组计划研究结果表明，在人类基因组（包括其他高等真核生物基因组）中编码基因的比例小于 2%，其余均为非编码基因的转录产物。通过对不同物种间完整基因组的比较发现，相对于低等生物而言，高等的动植物含有大量的非编码基因，这意味着非编码基因及其转录产物可能蕴含着生物体复杂性的重要信息。近 10 年来生命科学从获得诺贝尔奖的 siRNA 到评为十大生命科技进展的 miRNA 的相关深入研究，充分揭示了非编码 RNA 是生命过程中富有活力的信息载体，在机体发育、疾病进展过程中发挥着重要作用。

长链非编码 RNA（lncRNA）作为一类长度超过 200 nt、不具有编码蛋白质功能的 RNA 分子，广泛存在于各个物种中，以哺乳动物为例，基因组序列中4%~9%的序列产生的转录本是 lncRNA，这远远高于编码蛋白质的 RNA 比例（1%），因此，lncRNA 在多种层面上（表观遗传调控、转录调控以及转录后调控等）具有调控基因表达的巨大潜力。在转录组学和蛋白质组学研究不断深入的同时，lncRNAs 必将是继 miRNAs 之后的又一新的研究热点，对其结构和功能的深入研究将对目前关于细胞的结构网络和调控网络的认识带来革命性的变化，也为未来人类疾病的诊断和治疗提供非常有价值的科学依据。

由于 lncRNA 序列保守性相对较差，因此在进化过程中承担压力较小，其中的一些相对高度保守的局部区域对于特定 lncRNA 功能发挥和维持具有重要作用。与蛋白质相比，lncRNA 空间结构稳定性较差，因此可快速产生和分解，对有机体的调节更加敏感。因此，lncRNA 是一个数目众多、意义重大、潜力巨大而未开发的"宝藏"，研究 lncRNA 对于认识生命体复杂而多层次的调控体系、提高人类预防和治疗疾病的能力以及探索生物进化规律等都具有巨大的生物学意义。

近年来越来越多的研究证明，lncRNA 在一些复杂疾病（如肿瘤、神经系统疾病等）的发生过程中异常表达，具有促使或抑制疾病发生的作用。但是 lncRNA 在心脏的发育、心脏功能的维持和心脏疾病的发生和发展的调控中还处于起步阶段，因此，深入研究 lncRNA 在心脏疾病中的调控作用具有重要意义。

在心脏发育和功能维持方面，美国麻省理工学院的生物学家率先发现一种 lncRNA 能够在小鼠胚胎干细胞分化期间刺激干细胞转变为心脏细胞，并将之命名为"Braveheart（勇敢的心，Bvht）"。进一步研究发现 Bvht 能够与 PRC2 蛋白复合物相互作用，从而解除位于 DNA 顶端的 PRC2 对 Mesp1 等基因的锁定作用，启动 Mesp1 的表达，启动心脏发育。这一重要发现有助于揭示先天性心脏缺陷的发生机制、促进人工心脏组织的构建。德国马普分子遗传学研究所的科学家首次证明一种 lncRNA–Fendrr 是继转录因子之后的胚胎发育过程必不可少的调节子，

Fendrr 特异性出现在心脏和腹侧体壁祖细胞中，通过下调小鼠胚胎中的 Fendrr 能够使小鼠心脏和腹侧体壁发生畸形，从而引起小鼠胚胎死亡。美国坦普尔大学的科学家发现一种 lncRNA-Kcnq1ot1 通过调节染色质的灵活性、增强反义非编码 RNA 的转录这一机制在心脏发育的过程中调控 KCNQ1 的表达。

现有研究报道有多个 lncRNA 参与到心脏疾病的发生和发展过程中。例如在人类基因组中对冠心病最敏感的位点存在于染色体 9p21，同样也位于该区域的一个 lncRNA ANRIL 的 2 个常见 SNPs 变异是早期冠脉损伤疾病的决定性因素。同时 ANRIL 在动脉粥样硬化患者的血浆及动脉粥样硬化斑块中表达水平显著升高，并且其转录水平与粥样硬化的严重程度密切相关。另一种 lncRNA-SRA 被发现与人的扩张性心肌病的发生密切相关。本实验前期研究也发现在小鼠心衰模型中心肌组织中 lncRNA-B130042P05 的表达水平显著下降，提示其在心衰的发生和发展过程中发挥潜在的调控作用。同时研究人员发现 lncRNA 在心衰小鼠的心肌组织、全血和血浆中存在特征性的表达谱，具有成为心衰生物标志物的巨大可能性。德国科学家托马斯·图姆（Thomas Thum）率先发现在心梗早期和后期 2 个时间点中外周血 lncRNA-LIPCAR 的表达水平呈现先降低后升高的趋势，是心脏重构和预测心衰病人远期死亡率的一种新型生物标志物。

目前 lncRNA 在心脏疾病中的调控作用仅仅显出冰山一角，继续深入对其致病机制的研究将有助于我们发现更多的心脏疾病预警分子，有助于我们寻找更直接、快速的外周血诊断标志物，有助于我们进行更有效、更有针对性的心脏疾病治疗。

（原文发表于《科技导报》2014 年第 14 期）

陈可冀，中西医结合医学家，中国科学院院士。现任中国中医科学院西苑医院研究员。主要研究方向为中医、中西医结合心血管病及老年医学。

谈谈中医药的继承发展与创新

陈可冀

随着信息网络全球化的到来，中国医疗卫生事业快速发展，中医药凭借几千年的历史优势和特色也得到较快发展，中医药的疗效和价值正为世界越来越多的人所认识，同时它也面临着现代化的机遇和挑战。

中医药具备科学技术和人文文化两个方面的核心价值，医疗上以人为本，讲求医德，爱护病人；学术上注重整体论、调节论与辨证施治。这些理念或观点在临床医疗实践中具有广泛的渗透性、包容性和辐射力，历久不衰。科学精神为格物致知，人文精神则注重人性与感情。唐代名医孙思邈倡导"大医精诚"的医德精神，在今天现实生活中，在调和医患关系方面，意义仍十分重大，这当然应该看作中医科学技术与人文交融的极好传统，是求真与求善的交融。

中医药学是中华民族的传统文化，同时它又具有独特而系统的科学理论和诊疗方法。中医药理论注重人与自然的关系，主张"天人合一"观念；在整体观和系统性思维中，特别注重"中庸"思维的贯彻，注重调节平衡和"致中和"。古代名医张介宾称"和法"为中医治病的"八法"之首，以"和法"统领"八法"，以其余"汗、吐、下、温、清、消、补"七法"调而治之"，"调其不调，和其不和"，以达到和解治病的目的，达到人体内环境的和谐与稳态。方剂中具有代表性的有桂枝汤、小柴胡汤、越鞠丸和逍遥散等，这些均是中医药科学技术与人文文化交融的体现与实践，体现了人文文化的功能或影响。

随着市场经济和世界科学技术的快速发展，人类疾病谱也发生了明显的变化，医学模式也从单纯"生物医学模式"发展成为"社会－心理－生物－环境"模式，这些变化恰恰为中医学的发展带来了良好的发展机遇。中医自古流派很多，不同流派或学术背景的多样性思维是极其正常的现象，是科学技术可持续发展的前提，我们应该欢迎并提倡学术争鸣。各流派传承人要在继承基础上，集成发展与进步乃至创新，培养人才，以实现青出于蓝。要允许讨论、允许有不同意见，要有冷思考，还要多几分宽容。要认真读传统经典，虚心学习，联系实际；也要了解现代科学技术进展，联系交融、与时俱进，行走在传统与现代之间，推进中医药学的发展。

中国社会现实存在中西医两种医学，中西医团结合作很重要，两种医学要从互异、互通而后达到互补，并达到共赢。病证结合的诊疗模式是一站式服务的最佳模式之一，既有明确的西医明确诊断，也有中医的准确的辨证诊断，互相补充，我认为这比较全面合理，对病人治疗肯定有益。医学的根本目的是治病救人，该用中药时用中药，该用西药时用西药，联合应用效果更好时，就要有机结合。要特别重视临床经验的传承和中西医结合，在弘扬中医药学术优势时，要努力尽可能做到体现整体与局部、宏观与微观、综合与分析相整合，以确认效果，提高科学证据水平，传承精华。不宜因为强调精确性而忽视中医临床经验的个体化和特殊性。要在尊重中医药学术的认识及知识体系的基础上，进行现实的临床实践和创新。对国内外临床研究证据和屡屡更新的指南也要辩证地看待，要联系实际参考、吸收与应用，而不要不结合实际情况盲从。中医十分重视整体定性诊疗，但时代发展了，中医在诊疗上的定量技术及知识明显不足，因而临床医疗重复性较难，评判疗效结局往往不够到位，研究所得结果的不确定性也较多。应当提倡多学科交叉合作，以有助于其在诊疗实践、机理研究等方面的发展。

中医药学界还应该热忱欢迎多学科科学家介入、合作和共同开发、研究、创新与发展。美国食品和药品管理局（FDA）公布植物药批准法规以来，近几年正式批准了两种植物药，一是由绿茶提取的茶多酚外用治疗尖锐湿疣，一是 2012 年末新批准的由南非"龙血树脂"（Dragon Blood Resin，商品名 Fulyzaq）提取的化合物治疗因应用艾滋病化学药物所致的腹泻副反应。这两种新药的有效物质基础即化学结构都是明确的——研发新药的有效性和安全性是第一重要的，其活性物质基础不清楚，安全有效就无从谈起；中国青蒿素和砒霜三氧化二砷的成就，也在于搞清其化学结构以及其作用靶点所在，得到国际同行的认同，这些成果都是多学科合作的典范。可见，为达到中医药科学技术的可持续创新发展，在认真继承的基础上，与现代科学技术界包括现代医学界的多学科合作，有多么重要、多么必要。

（原文发表于《科技导报》2013 年第 30 期）

第四章

科技进展

"科技进展"共选取 12 篇文章，按照学科分类，从宏观到微观排布，包含化学、地理、物理、生物、农学、医学等方向，回顾相应的学科历史、发展历程以及研究前景。

姚建年，光化学与光功能材料学家，中国科学院院士。现任中国科学院化学研究所研究员，中国化学会理事长。主要研究方向为新型光功能材料的基础和应用探索研究。

化学：主动转型赢得未来

姚建年

　　时光飞逝，岁月如梭，2016年注定是中国科技史上极不平凡的一年。2016年5月30日，全国科技创新大会、两院院士大会、中国科协第九次全国代表大会同期在北京召开，习近平总书记发表重要讲话，明确了中国科技事业发展三步走的目标——到2020年时使中国进入创新型国家行列，到2030年时使中国进入创新型国家前列，到新中国成立100年时使中国成为世界科技强国。我们看到，科技创新"三步走"的战略目标与中国"两个一百年"的"中国梦"奋斗目标同频共振，表明中国已将科技创新与国家发展命运提升到休戚相关的战略高度。习近平总书记指出，要在中国发展新的历史起点上，把科技创新摆在更加重要的位置，吹响建设世界科技强国的号角。

　　2016年12月，国务院发布文件，自2017年起将每年的5月30日定为"全国科技工作者日"。"科技工作者日"的设立，也再次表明了国家对科技创新和科技工作者前所未有的重视程度。

化学作为一门基础科学，与人类社会发展密切相关，与人类日常生活密不可分。改革开放以来，中国化学经历了高速发展的时期，体量和质量均有大幅提升。当前，中国已经具备了系统相对完善的化学化工研究与应用体系和一支庞大的、素质精良的人才队伍。近年来中国化学学科研究队伍不断壮大，一个显著的原因是化学工作者已不仅局限于纯粹化学领域研究工作，更多的化学工作者以化学为工具，利用化学原理和知识探索生命奥秘，发展新型材料，在环境、医药、材料、通信乃至国防和安全领域做着不可取代的贡献。

根据中国化学会编撰的《化学学科发展报告 2014—2015》统计，近 20 年来，中国化学发表论文数量一直保持逐年增长，到 2009 年，中国化学的发文数量超过美国位居世界第一，2010 年至今的发文数量更是随年呈指数增长，牢牢占据世界第一的位置。爱思唯尔出版社通过归一化影响因子（field-weighted citation impact，FWCI）直观比较各国科研实力，设定各学科世界平均水平的 FWCI 值为 1，比较发现化学化工是中国为数不多的 FWCI 值超过 1（即高于世界平均水平）的学科之一，并呈现良性增长的势态。

经过 30 多年的发展，中国石油化工产业的综合实力和国际竞争力也发生了天翻地覆的变化。当前石油化工约占中国 GDP 的 20%，是中国国民经济的基础和支柱产业。依赖自强不息的科技创新，中国已掌握了世界先进水平的炼油全流程技术，形成了具有自主知识产权的石油化工主体技术，煤化工产业链技术取得快速突破，生物燃料、生物化工、节能环保等领域技术也实现了快速发展。以乙烯为例，作为衡量一个国家石油化工发展水平的重要标志之一，中国已经成为仅次于美国的世界第二大乙烯生产国，2015 年产能达到 2264 万吨 / 年，占全球的 15%。中国石油化工产业的快速发展，极大地促进了汽车、家电、电子、电器、建筑、纺织等相关产业的发展，也为国防、航空、航天、信息化等强国产业提供了有力支撑，保障了经济发展、人民生活水平提高的需要。

总之，无论是化学研究还是化学工业都在乘势而上，化学研究正在迈入世界一流水平，化学工业正在不断为国家经济发展做出不可替代的贡献。然而，我们更要清醒的认识到，当今世界自然科学研究正孕育新的重大变革，科技创新呈现新的态势，新材料、新技术的应用为解决重大基础科学问题带来机遇，学科间的深度交叉融合不断催生新的发展领域，科学、技术、工程相互渗透推进科技创新步伐加快。从产业领域来看，世界范围内新一轮科技革命和产业变革正在孕育兴起，信息、能源、生物、材料与先进制造等成为最热门的科技领域，这些技术的突破和融合发展可能带来人们生产生活方式的重大变化，也将对全球产业分工和经济结构带来决定性影响。

面临机遇与挑战，中国化学化工应当身先士卒，结合当今中国社会和经济发展中的实际问题，尊重科学发展的客观规律，重新思考、明确定位、调整策略，引领科学研究的前沿方向，创造经济发展的强大引擎，满足社会大众的实际需求。2016 年 7 月，中国化学会召开第 30 届学术年会，将主题定为"转型中的中国化学"，借此呼吁全国化学家和化学工作者，面向新形式和新要求，勇于主动率先转型。在此，我希望与各位共同分享对"转型"的理解和期望。

一是时至今日，中国化学研究亟须做出更多原创性、源头性贡献。充分发挥化学"中心科学"的作用，主动推进化学与其他学科，如物质科学、生命科学的交叉融合，不断催生科学新的生长点，开拓科学研究未知领域，抢占未来科技制高点。中国化学工作者应勇于变跟跑、陪跑到领跑，敢于挑战重大科学问题，开辟和引领化学研究的新领域与新方向，有志于在科学研究的里程碑上刻上自己的名字。

二是要主动服务国家经济社会发展主战场。化学及相关学科与人类衣食住行最为紧密相关，化学工作者更应该首先主动把科学研究融入到国家经济社会发展中，多做有用的、实用的研究，把科研成果迅速转化为先进生产力，为社会的可持续发展做出应有的贡献。当前，国家正在大力实施创新驱动发展战略，"创新、协调、绿色、开放、共享"5大发展理念中，"创新"排在第一位，而创新的源头就应该是广大科技工作者。2015年年底，中国石化高效环保芳烃成套技术开发及应用荣获国家科学技术进步特等奖，这与来自中国科学院大连化学物理研究所、浙江大学、复旦大学、华东理工大学等高校和研究院所的化学化工工作者协同创新、团结攻坚是密不可分的。

三是呼吁科研管理者在科研管理、服务和评价方式上，积极主动转型。科技转型、政策先行，科研评价方式的转型是实现中国化学、中国科技转型的先决条件。管理和评价方式转型，鼓励创新，宽容失败，方能有效引导科技工作者去除焦躁，潜心研究，源源不断攻克科学研究真正难题，取得更多有重大影响的原创性成果。同时也希望化学界的同仁为优化科技领域的学术生态，实现风清气正的优良科技环境贡献自己的努力。

（原文发表于《科技导报》2017年第1期）

郭华东，空间地球信息科学家，中国科学院院士、俄罗斯科学院外籍院士、发展中国家科学院院士。现任国际数字地球学会主席、中国科学院遥感与数字地球研究所研究员、学术委员会主任。主要研究方向为遥感科学、雷达对地观测、数字地球研究。

科学大数据驱动地学学科发展

2013 年 7 月 17 日，习近平总书记指出："浩瀚的数据海洋就如同工业社会的石油资源，蕴含着巨大生产力和商机。谁掌握了大数据技术，谁就掌握了发展的资源和主动权。"大数据已成为信息主权的一种表现形式，将是继边防、海防、空防之后大国博弈的另一个空间。

1 大数据发展历程

第二次工业革命的爆发，导致以文字为载体的数据量约每 10 年翻一番；从工业化时代进入信息化时代，数据量每 3 年翻一番；现在，随着计算机技术和网络技术的快速发展，半结构化、非结构化数据的大量涌现，数据的产生已不受时间和空间的限制。

2008 年 9 月,《自然》杂志出版"大数据"专刊。大数据的发展不断得到科技界和国际组织的推动与重视。在政府层面,大数据得到高度重视。如,美国发布了"联邦大数据研发战略计划",投建 4 个"大数据区域创新中心";欧盟推出"欧洲云计划",确保科学界、产业界和公共服务部门均从大数据革命中获益;英国开展大数据技术在政府、高校和公共领域的拓展与应用等。中国提出"实施国家大数据战略,推进数据资源开放共享",大数据正式成为国家战略。

中国拥有的数据在国际上举足轻重,截至 2012 年,中国的数据占全球的 13%,预计到 2020 年,中国将产生全球 21% 的数据。中国与大数据相关的论文数量列全球第 2 位,仅次于美国。

② 科学大数据

科学大数据具有数据密集型范式的特点,它具有数据的不可重复性、数据的高度不确定性、数据的高维特性、数据分析的高度计算复杂性等内部特征。利用大量数据的相关性可取代因果关系和理论与模型,基于数据间的相关性能够获得新知识、新发现。比如,早在 1609 年,第谷·布拉赫的助手约翰尼斯·开普勒从布拉赫对天体运动的系数观察记录中发现了行星运动定律,并发表了伟大的著作《新天文学》;再比如,欧洲大型强子对撞机(LHC)帮助物理学家检验关于不同粒子物理和高能物理理论的猜想,并且确定了希格斯玻色子的存在。现在,越来越多科学上的发现证明,大科学装置产生海量的数据已经成为我们认识世界的手段之一,利用大数据驱动科学发现。

科学大数据正在成为一种新的科研方法论,是科学发现的新引擎,近年来中国提出并重视科学大数据的研究。国务院《促进大数据发展行动纲要》中,对"科学大数据"进行了专题论述:发展科学大数据,积极推动由国家公共财政支持的公益性科研活动获取和产生的科学数据逐步开放共享，构建科学大数据国家重大基础设施，实现对国家重要科技数据的权威汇集、长期保存、集成管理和全面共享。面向经济社会发展需求，发展科学大数据应用服务中心，支持解决经济社会发展和国家安全重大问题。

3 地球大数据

地球大数据是一种典型的科学大数据，是具有空间属性的地球科学领域大数据，它一方面具有海量、多源、多时相、异构、多尺度、非平稳等大数据的一般性质，同时具有很强的时空关联和物理关联。这些特征对地学学科的发展可以起到重大的推动作用，在环境、资源、灾害等领域有重要作用和经济社会价值。

地球大数据为地球科学的深入研究带来了重要的发展机遇，可推动空间地球信息科学，进一步推动地球科学的发展。地球大数据的研究方向主要有4个方面：空间对地观测大数据，涉及海洋卫星、气象卫星、资源卫星、环境减灾卫星、卫星数据接收等；地球大数据处理方法，涉及云计算、智能处理、数据同化、数值模拟等；地球科学学科大数据，涉及海洋科学、大气科学、地理科学、地质科学、地球物理、地球化学大数据等；地球大数据与地球科学，涉及地球系统科学、地学发现等。

地球大数据具有重要作用。比如，利用地球大数据开展"一带一路"研究。中国科学家于2016年发起的数字丝路（DBAR）国际科学计划，就是要建立一个地球大数据共享平台，提供大数据汇集、大数据服务、大数据分析和大数据系统，形成"一带一路"地球观测数据集。这个为期10年的科学计划最终将不仅贡献"一带一路"，还可贡献联合国全球可持续发展目标，为粮食安全、生态环境保护及风险评估、气候变化和灾害应对以及文化 – 自然遗产保护与发展等提供科学的决策。

中国科学院正式设立了"地球大数据科学工程"A类先导专项，它的目标是建成国际地球大数据科学中心，构建全球领先的地球大数据基础设施，形成国际一流的地球大数据学科驱动平台，构建服务政府高层的决策支持平台，它将在地球学科发展、政府决策、全球可持续发展等方面产生重大意义。

大数据是知识经济时代的战略高地，大数据是国家新型战略资源，大数据正在改变人类生活及对世界的深层理解。作为少量依赖因果关系，而主要依靠相关性发现新知识的新模式，大数据已成为继经验、理论和计算模式之后的数据密集型科学范式的典型代表，带来科研方法论的创新。科学大数据正在成为科学发现的新引擎，驱动学科创新跨越，驱动地球学科创新发展。科学大数据驱动地学学科发展。

（原文发表于《科技导报》2018 年第 5 期）

傅伯杰，自然地理学、景观生态学家，中国科学院院士，发展中国家科学院院士。现任中国科学院生态环境研究中心学术委员会主任，北京师范大学地理科学学部部长。主要研究方向为自然地理学和景观生态学。

面向全球可持续发展的地理学

傅伯杰

　　1962 年，人类首部关注环境问题的著作——《寂静的春天》出版，唤起了人们对环境保护问题的关注。1972 年，第一次人类环境会议——联合国人类环境会议举办，会议通过了《人类环境宣言》。之后，各国政府对环境问题愈发重视。进入 21 世纪，全球化发展越来越快，环境问题更加突出。2000 年，联合国千年首脑会议召开，确定了联合国千年发展目标。2015 年，联合国可持续发展峰会召开，发布了《2030 年可持续发展议程》，全球发展目标朝着可持续发展目标迈进。

　　在 20 世纪 80 年代，国际上就对全球环境变化开展了科学研究。2013 年，国际科学理事会和国际社会科学理事会发起了为期 10 年的大型科学计划——未来地球计划，期望引导一条可通向可持续发展的路径。

　　1994 年，中国在国际上率先颁布了《中国 21 世纪议程》，制定了可持续发展的总体战略和政策。2017 年，党的十九大报告更加明确地指出，坚持人与自然和谐共生、建设生态文明是中华民族永续发展的千年大计。

1 地理学的发展

地理学从诞生起就是一门综合性的学科，是研究地理要素（水、土、气候、生物和人）和地理综合体的空间分异规律、时间演变过程及区域特征的学科，研究地球表层人与环境相互作用的机理。它具有综合性、交叉性、区域性的特点，旨在"探索自然规律，昭示人文精华"。地理学具有多维视角和综合的理念，在推动实现全球可持续发展目标方面具有天然优势。地理学的使命是要解决资源、环境、发展面临的复杂问题，它不仅希望解释过去，更重要的在于服务现在和预测未来。

在区域和全球尺度上，环境、资源利用和可持续发展问题正在成为人类社会发展面临的重大挑战。近几十年来，地理学的理论、方法和技术得到快速发展，研究范式从过去地理学的知识描述、格局与过程耦合，发展到对复杂人地系统的模拟；研究方法从以记叙性为主发展到综合性、定量化，从概念模型走向定量表达，从统计模型走向模式模拟；研究主题从"多元"走向"系统"，以地球表层系统为重点，分析和理解当今人类社会面临的重大问题；研究的途径和方法上耦合地理格局和过程等。地理学的发展能够更好地为全球可持续发展提供坚实的科学基础和技术支撑，在国家经济、社会和生态文明建设中扮演愈来愈重要的角色。

2 地理学的前沿热点

地理学的研究前沿与热点聚焦在人地系统耦合理论与方法，需要发展要素集成、过程耦合以及注重数据融合与模式发展。

2.1　要素集成

（1）人地耦合系统要素关联。研究地表圈层之间的要素交互作用、人类与自然环境要素交互作用、要素关联的空间特征尺度以及长时间序列要素作用过程演化。

（2）人地耦合系统承载力预警。通过不同评价途径，明晰地球生命承载能力的极限和临界点；通过系统集成，对全球环境变化进行早期预警。

（3）全球综合风险的系统应对。明晰风险的相互链接，关注风险的级联效应，多学科交叉填补知识缺口，多部门参与应对网络化的风险。

2.2　过程耦合

（1）人类活动对气候变化的综合影响。研究大气成分的改变对气候变化的影响、下垫面性质的变化对气候变化的影响以及人为的热释放对气候变化的影响。

（2）食物 – 能源 – 水综合可持续利用。评估并预测人类对食物、能源、水的需求，面向粮食安全、水安全、能源安全的可持续土地利用配置方案。

（3）生物多样性保护与生态系统服务管理。明晰"生物多样性 – 生态系统结构 – 过程与功能 – 服务"的级联关系，为面向人类福祉提升的生态系统管理提供决策依据。

（4）区域及全球环境污染的健康效应。研究空气、水体、土壤污染对人体健康的影响，研究海洋污染的生物多样性响应及对人类健康的影响。

（5）可持续的城镇化与乡村复兴。构建跨基础研究、技术模式与政策咨询的综合研究体系，关注城乡土地资源配置的矛盾、城乡产业布局的协调、城乡生产要素的流动以及城乡政策制度的公平等。

2.3 数据融合与模式发展

海量地理数据处理方法与模型系统需要多要素地表环境立体观测系统、地表过程耦合模型系统以及面向可持续发展的决策支持系统的建立，需要地理数据融合、集成技术与方法。

地理学仍在不断向前发展，它的发展正在从格局研究向过程研究转变、从要素研究向系统研究提升、从理论研究向应用研究链接、从知识创造向社会决策贯通，它已成为可持续发展的基础学科，将在全球和区域环境与发展中发挥举足轻重的作用。

（原文发表于《科技导报》2018 年第 2 期）

郑度，自然地理学家，中国科学院院士。现任中国科学院地理科学与资源研究所研究员，国家重点基础研究项目"青藏高原形成演化及其环境资源效应"首席科学家。主要研究方向为自然地理的综合研究。

环境伦理与区域可持续发展

1 人类文明发展新模式

20 世纪中叶以来，人类社会面临着人口、资源、环境与发展等一系列问题的严峻挑战。蓬勃发展的工业文明实践活动，加剧了人与自然的冲突。人类社会在科学技术的推动下，片面追求经济增长目标，对自然占有和征服的欲望终于走向反面。全球性环境问题引起国际社会的瞩目。严酷的现实促使人类社会冷静地审视所走过的历程，总结传统发展模式的经验教训，寻求文明发展的新模式和战略思想。

人类文明进程通常划分为：原始文明—农业文明—工业文明—现代文明。我们认为，可以用"生态文明"来表达现代文明发展的新阶段。可持续发展思想体现人与自然关系的和谐协调及人类世代间的责任感。2002 年，南非约翰内斯堡会议确认经济发展、社会进步和环境保护共同构成可持续发展的三大支柱。2012 年，联合国可持续发展大会再次重申国际社会要关注上述三者间的统筹与协调，承担人类作为地球家园管理者的责任。

2 环境伦理研究进展

环境伦理指人对自然的伦理，涉及人对自然界的价值观、人类对自然界应有的义务和责任。朴素的环境伦理思想早在古代先哲们的论著及各种教义中就已有所体现。人地关系研究是近代地理学产生和发展的基础，着重探讨人类活动与地理环境的相互影响及其反馈作用。基于对现代环境伦理两大基本命题，即人与自然之间的伦理关系和受其影响的人与人之间伦理关系的不同阐释，现代环境伦理学大体可分为两大学派：人类中心论和非人类中心论。人类中心论包含强人类中心论与弱人类中心论。非人类中心论则包括动物解放论、动物权利论、生物中心论、大地伦理学、生态中心论、深层生态学等。

在大自然的价值和人类的责任方面，人类中心论的核心观念是：人的利益是道德原则的唯一相关因素；人是唯一具有内在价值的存在物，其他存在物只具有工具价值。非人类中心论则认为，地球上一切事物在整个生态系统的金字塔内都有其存在价值。自然界的许多事物对人类可能没有直接价值，但却与自然界的演化关系密切，有着维护自然界平衡的价值。人们在评价大自然时应当尊重大自然，大自然的价值确定了人对大自然的责任和义务。应当在遵循自然规律及其内在价值的基础上规范人类的实践活动，构建新时代的文明发展模式。

3 环境伦理规范体系

开放的环境伦理学应能包容人类中心论和非人类中心论的合理内核。

大自然的内在价值是客观存在的，维持自然系统自身存在与发展就是价值所在，评价的最终根据是要服从于包含人在内的自然系统的尺度。人们应当走出强势的"人类中心论"，构建适合当今时代的环境伦理规范体系。

环境伦理规范体系有如下特点：人类是自然历史演化的产物，应与自然保持和谐相处、协同进化的关系；人以外的其他生物、物种、生态系统以及自然界所有的存在物，除了对人类的工具价值外，均有其内在价值；人类属于自然，作为自然界进化的最高产物，人类是"自然权利"的代言人，对其他生命和生命支持系统负有伦理责任。环境伦理的核心是建立真正平等、公正的人与人、人与自然的关系，倡导和谐发展与共存共荣。总之，环境伦理应兼顾自然生态的利益和价值、个人与全人类的利益和价值、当代人与后代人的利益和价值。环境伦理规范体系要求人类应当培养生态公正、保护环境、善待生命、尊重自然和适度消费的伦理情操，尽到管理好地球家园的义务。

伦理观念和实践是随着社会进步而不断发展的。社会伦理水平的进步、个人自身素质的提升、生活环境质量的改善，是人类社会文明发展的重要标志。环境伦理的研究和宣传具有认识批判、教育激励和调节规范等功能，对于环境立法有重要的基础作用。

4 区域发展中的环境伦理思考

环境伦理为可持续发展提供坚实的伦理基础。一方面，它立足于人与自然的横向关系，从人的发展不能以耗竭资源和破坏环境为代价的前提来思考可持续发展问题。另一方面，它从人与人的纵向关系角度，从当代人的发展不能以牺牲后代人的发展为代价的维度来思考可持续发展问题。

环境伦理在区域可持续发展中涉及的应用领域很广。如节制生育、节约资源、生态修复、环境整治、清洁生产、减少污染、适度发展、合理消费、护育自然等，从环境伦理角度都应该提出相应的原则、要求和具体的行为规范。从区域发展角度看，我们更应关注区域资源开发中的环境效应以及不同区域间发展的协调与统筹。在区域战略目标的确定过程中，应该充分重视环境伦理责任，在经济发展速度与环境保护目标之间寻找平衡点。要重视经济结构调整，以产业的升级来带动低效率、高污染资源经济的退出，建立清洁型经济结构与循环经济的发展模式。土地利用应当成为集土地开发、利用、整治与保护的综合性行为，旨在提供最大的社会福利，还要兼顾后代人土地利用的权益。人类必须改变传统的发展模式，走科技含量高、经济效益好、资源消耗低、环境污染少、人力资源得以充分发挥的新型工业化和城镇化道路。

人类社会是在认识、利用、改造和适应自然的过程中不断发展的。不断追求人与自然的和谐，实现人类社会全面协调可持续发展，是人类共同的价值取向和最终归宿。我们应当提高环境伦理意识，尊重自然、护育环境，让地球家园的明天更加美好。

（原文发表于《科技导报》2013 年第 30 期）

魏辅文，保护生物学家，中国科学院院士。中国科学院动物研究所研究员，兼任中华人民共和国濒危物种科学委员会副主任。主要研究方向为濒危动物保护生物学。

中国保护生物学的未来

　　保护生物学是一门研究生态危机起因及预防机制的公共科学，聚焦于珍稀濒危物种、栖息地、生态系统等多层次的研究和保护。它有机结合了自然科学、社会科学以及自然资源管理，重视保护的科学依据与社区参与，致力于生物多样性保护的同时关注人类福祉最大化。

　　据估算，每年全球生物多样性及生态系统服务为人类所提供的价值高达 125 万亿美元。早在 2005 年 8 月，时任浙江省委书记的习近平同志在浙江湖州安吉考察时，就高瞻远瞩地提出了"绿水青山就是金山银山"的生态保护理念，要求保护好森林、草原、湖泊、湿地等自然生态系统，以提高生态系统服务功能。这不仅是植根于"天人合一、道法自然"等中华传统思想的生态文明新理念，而且是中华民族伟大复兴和永续发展的根本与保障。

自然保护区制度是目前中国生物多样性就地保护最重要的方式，覆盖了 85% 以上的国家重点保护野生动植物。然而，中国生物多样性下降的趋势仍在持续，脊椎动物受威胁比例达 25%~40%，在受威胁的高等植物中特有高等植物的比例高达 60% 以上。这反映出中国生物多样性保护还存在多头管理、法治不健全和经费缺乏等不足。2015 年 9 月，党中央、国务院在印发的《生态文明体制改革总体方案》中提出建立国家公园体制，改革多部门分头设置各类保护地的体制，对保护地进行功能重组，以保护一个或多个典型生态系统的原真性和完整性，构建保护生物多样性的长效机制。2017 年 2 月，党中央、国务院又印发《关于划定并严守生态保护红线的若干意见》，要求对具有水源涵养、生物多样性维护、海岸生态稳定等生态功能的重要区域，必须划定生态保护红线，强制性严格保护。这些政策是党和政府为维护生物多样性和生态系统功能、保障国家生态安全、实现中国经济社会可持续发展、促进人与自然和谐相处的顶层制度设计。2018 年 3 月，国务院机构改革中，新组建的自然资源部有望进一步解决多头管理问题。

要将制度落实、实现设计目标，决策者需要科学依据，统筹考虑物种、栖息地、生物多样性、生态系统和区域经济社会发展之间的多重复杂关系，这正是保护生物学研究的主要内容。物种是生态系统的基本建构单元，是生态系统稳定和服务功能产生的基础。生态系统结构和功能的变化首先反映在物种的种群数量和空间分布变化等多个方面。因此，笔者认为以区域生态系统中的旗舰物种（如大熊猫、金丝猴、虎、豹、亚洲象、江豚等）为核心，以解决这些物种长期生存所面临的问题为抓手，推动旗舰物种及其赖以生存的生态系统的保护与恢复，是构建国家公园、生态保护红线及生态廊道等生物多样性就地保护制度的有效途径。

以旗舰物种大熊猫为例，中国政府和科学家为拯救该物种开展了多个层面的保护生物学研究，实施了多项重要的保护工程，如天然林保护工程、退耕还林工程、自然保护区网络建设工程、大熊猫放归工程、栖息地廊道建设工程等。各项研究表明,大熊猫仍具演化潜力,并非是一个已走到"演化尽头"、没有希望的物种。虽然大熊猫目前仍面临栖息地破碎等环境问题,但总的来看其种群数量在逐渐增长,栖息地面积在逐渐扩大,已走出困境并脱离"濒危"的状态,世界自然保护联盟已将其从"濒危"降为"易危",中国大熊猫保护为世界生物多样性保护树立了成功的范例。

未来,中国保护生物学有待从以下4方面进一步深入发展:①加强长期定点监测与评估工作,掌握生物多样性和生态系统变化动态;②加强新的理论、方法、技术的研究和应用,以揭示生物多样性丧失和生态系统退化的内在机制;③加强宏、微观研究的结合,从功能上系统地阐释保护生物学的核心科学问题;④加强理论与实践相结合,主动参与保护实践活动(如国家公园的规划与建设、长江经济带母亲河生态环境保护等),在中国生态文明建设和生态环境保护的科学决策上发挥重要作用。

国家实施的一系列创新性的体制改革,必将推动中国保护生物学事业迈向新台阶,促使生态文明建设上升到更高水平。

(原文发表于《科技导报》2018年第8期)

熊有伦，机械工程专家，中国科学院院士。华中科技大学机械科学与工程学院教授，工程信息和智能技术研究所名誉所长。主要研究方向为制造自动化、数字制造、智能制造和机器人等。

智能制造

熊有伦

　　智能制造代表制造业数字化、网络化、智能化的主导趋势和必然结果，蕴含丰富的科学内涵（人工智能、生物智能、脑科学、认知科学、仿生学和材料科学等），成为高新技术的制高点（物联网、智能软件、智能设计、智能控制、知识库、模型库等），汇聚广泛的产业链和产业集群，将是新一轮世界科技革命和产业革命的重要发展方向。智能制造将专家的知识和经验融入感知、决策、执行等制造活动中，赋予产品制造在线学习和知识进化的能力，涉及产品全生命周期中的设计、生产、管理和服务等制造活动。智能制造涵盖的范围很广泛，包括智能制造技术、智能制造装备、智能制造系统和智能制造服务等，衍生各种各样的智能制造产品。

　　当今智能技术、智能材料和智能产品等大量涌现，智能化已成为21世纪的重要标志之一，而且正在改变我们的生活。各种自动生产线上的机器人是重要的智能制造装备，代替人完成繁重的作业任务。康复、医疗、教育和服务机器人等提供健康服务，成为教学娱乐器具。无人飞机（智能飞行机器人）、无人驾驶汽车（智能移动机器人）和水下机器人将在未来的战争中起重要作用。即插即用"傻瓜机床""傻瓜相机"等智能装备和产品极大地减轻了使用者对知识的依赖性。智慧地球、智慧城市和智慧楼宇等将改善人类生活环境。总之，正在兴起的智能化浪潮将波及全球，影响人类的科技进步、经济发展和社会生活等各个方面，同时也为中国经济平稳较快发展提供了良好的机遇。美欧学者近期预言，一种建立在互联网和新材料、新能源结合基础上的第三次工业革命即将来临，它以"制造业数字化"为核心，将使全球技术要素和市场要素配置方式发生革命性变化。

瓦特发明蒸汽机，用机器代替人力和畜力，实现了体力劳动机械化，开始了第一次工业革命——机械化；电动机、发电机的发明，实现了电能与机械能的转换，引起第二次工业革命——电气化；20世纪电子学和计算机的发展和应用，开始了一个新时代，即信息化、数字化和智能化。智能化是综合数字化、广泛数字化和深层次的数字化，是人类知识和智慧的融合与结晶。第三次工业革命的目标是脑力劳动机械化，它比第一次工业革命和第二次工业革命更广泛、更深刻。智能制造将成为第三次工业革命重要的标志。

智能制造产业已成为各国占领制造技术制高点的重点研发与产业化领域。美欧日等发达国家将智能制造列为支撑未来可持续发展的重要智能技术。美国科学技术委员会联合工作组的制造研发报告，将智能制造确定为美国制造研发的三大重点领域之一。中国也将智能制造装备产业纳入战略性新兴产业的重要领域全力推动。2012年5月28日，时任中共中央总书记的胡锦涛同志在中共中央政治局集体学习时，强调要推动中国从工业大国向工业强国转变，特别指出，要加快推动工业制造模式向数字化、网络化、智能化、服务化转变。2012年5月30日，时任国务院总理的温家宝同志主持召开国务院常务会议，讨论通过《"十二五"国家战略性新兴产业发展规划》。会议强调，做大做强智能制造装备，促进制造业智能化、精密化、绿色化发展。2012 年 5 月 7 日，国务院工业和信息化部发布《智能制造产业"十二五"发展规划》，提出经过 10 年的努力，形成完整的智能制造装备产业体系，总体技术水平迈入国际先进行列，部分产品取得原始创新突破，基本满足国民经济重点领域和国防建设的需求。预计到 2015 年，仅智能制造装备的产业销售收入就超过 1 万亿元，年均增长率超过 25%，2020 年产业销售收入将超过 3 万亿元。由此可见，智能制造是中国未来 10 年高速增长的新兴产业之一，已呈崛起之势；同时，也是带动其他新兴产业发展的强大动力。

国内工业大省都力求在物联网和智能制造等领域抢占先机。部分省市在智能制造技术与产业领域进行了重点投入和产业布局，初步形成了江苏（技术资源）、广东（硬件生产）、浙江（应用引领）、北京和上海（研发与服务）、福建（示范工程）等区域性的科研、生产、服务特色产业。中西部省份也力求在智能制造领域占据一席之地。

智能制造的兴起反映了当今科学发展的综合化趋势，也呈现出现代高新技术相互交叉与集成的特点，这是工业化和信息化深度融合的必然结果。智能制造的基础是知识创新，如何将企业自身的数据、信息、知识进行归纳、整理，如何吸收、融合与集成外部的技术、经验与智慧，提升企业核心竞争力，成为智能制造发展的关键。智能制造的发展将对中国优化产业结构和转变经济发展方式产生重要作用，成为中国从工业大国向工业强国转变的巨大引擎。

（原文发表于《科技导报》2013 年第 10 期）

张钟华，计量专家，中国工程院院士。现任中国计量科学研究院首席研究员。主要研究方向为精密电磁测量、量子计量标准。

中国计量工作面临新需求

张钟华

当前，中国的经济发展模式正在从大量消耗资源、劳力密集的粗放阶段向高新技术为先导的创新阶段转变。党的十八大提出了创新驱动发展战略，要在 2020 年左右把中国转变成创新型国家。创新型工作的特点是需要大量的科学数据。计量工作的主要作用正是保证各种各样科学仪器的准确性以及所获得的数据的可靠性。因此，在具有重大历史意义的转型阶段，计量工作正在越来越明显地凸显其重要作用。

中国自古有重视计量工作的优良传统。秦始皇统一六国后，在全国范围内统一了度量衡，促进了农业和商业的发展。王莽时代的遗物、现保存在台北故宫博物院的"新莽嘉量"是一件古代度量衡器具中的瑰宝。它集度、量、衡 3 种国家标准于一身，还兼有二进制和十进制两类标准量，其科学性令每一位当代参观者惊叹不已。清代太和殿门口的台阶上，放置着容量和时间的计量标准"嘉量"和"日晷"，也充分说明对计量工作的重视。

中华人民共和国成立以来，党和国家认识到计量工作对中国的科技和经济发展是一项重要的基础工作，涉及国家的核心竞争力。1955 年，国务院直属机构中设立了"国家计量局"，统一管理全国的计量工作，并建立了一套从中央到地方的计量机构，负责全国计量量值的一致和统一。前国家科学技术委员会主任聂荣臻提出"科技要发展，计量须先行"，并于 1965 年成立了"中国计量科学研究院"，逐步建立独立自主的国家计量基准、标准系统，使得中国的计量科技逐步接近国际先进水平。改革开放以来，党和国家对计量工作更为重视。1985 年，《中华人民共和国计量法》公布，使计量工作走上了法制化的道路。为了适应中国经济的转型和建设创新型国家的需求，国务院于 2013 年 3 月 2 日发布了"计量发展规划（2013—2020 年）"，指出 20 世纪第 2 个 10 年，是中国全面建成小康社会、加快推进社会主义现代化建设的关键时期，是深化改革开放、加快转变经济发展方式的攻坚时期。计量发展面临新的机遇和挑战，世界范围内的计量技术革命将对各领域的测量精度产生深远影响。

这里特别指出的世界范围内的计量技术革命，主要是指 20 世纪下半叶以来，国际单位制的基本单位逐步用量子计量基准复现，以代替原来用实物计量基准复现的做法。计量是可以溯源到标准量的测量，各种计量标准量最终要溯源到计量单位制的基本单位。目前广泛应用的国际单位制 SI 有 7 个基本单位：时间单位秒（s）、长度单位米（m）、质量单位千克（kg）、电流单位安培（A）、温度单位开尔文（K）、光度单位坎德拉（c）和物质量单位摩尔（mol）。20 世纪上半叶以前，基本单位的量值由实物计量基准复现和保存。实物基准一般是根据经典物理学的原理，用某种特别稳定的实物来实现。例如，一根保存在巴黎国际计量局（BIPM）的 X 型截面的铂铱合金尺上的两条刻线之间的距离被定义为长度单位米，一个保存在巴黎国际计量局的铂铱合金圆柱的质量被定义为质量单位千克等。但是，这样的实物基准一旦制成后，总会有一些不易控制的物理、化学过程使其特性发生缓慢的变化，因而它们所保存的量值也会有所改变。此外，最高等级的实物计量基准全世界一般只有 1 个或 1 套，一旦发生意外被损坏，就无法完全一模一样地复制出来，原来连续保存的单位量值也就会因此而被中断。

上述问题已经使传统的计量体系日益不能适应实际需要。近几十年来量子物理学的成就为解决以上问题提供了全新的途径。2005 年 10 月，国际计量委员会（CIPM）召开会议，准备在用基本物理常数定义计量单位方面迈出新的步伐。会议决定，原则上准备用普朗克常数 h 重新定义质量单位千克，用基本电荷 e 重新定义电流单位安培，用波尔兹曼常数 k 重新定义温度单位开尔文；同时还考虑用阿伏伽德罗常数 N 重新定义物质量单位。CIPM 希望各国国立计量研究所进行准确的基本物理常数测量，并考察实物基准的稳定性，以备实施新的基本单位定义的需要。2018 年召开的国际计量大会，对此作出正式的决议。国际单位制的稳定性、精确性和可靠性大大提高，从而可在更长的时间内更好地为我们服务。

但实现这样的目标也非易事。特别是要用普朗克常数 h 重新定义质量单位千克有一些困难。英国计量院（NPL）在 1975 年，美国计量院（NIST）于 1980 年就启动该项研究。后来，国际计量局、瑞士、法国、韩国、新西兰等均开展了相应课题。至今历时近 40 年，离开预定的目标仍有一些距离。所以，英国的《自然》杂志上的一篇文章把"重新定义千克单位"列为当前人类面临的 5 大实验难题之一。

面对这样的新形势，中国亦应加大努力，跟上国际计量科学的新步伐。2006 年，中国计量科学研究院提出了一种"焦尔天平法"，可以用普朗克常数复现千克单位的量值。与各国所用的"瓦特天平法"相比，避免了难度很大的动态测量。国际计量局主编的《计量学》（*Metrlogia*）杂志专门出版了一期讨论此问题的专刊，题目为"瓦特与焦尔天平法"，已把国际上通行的方法与中国的方法并列。列出的测量数据只有加、美、中 3 国的结果，可见国际上对中国的方法相当重视。中国课题组的成员正在积极努力，争取为解决这一难题作出自己的贡献。

（原文发表于《科技导报》2014 年第 31 期）

赵梓森，光纤通信学家，中国工程院院士。现任武汉邮电科学研究院高级技术顾问。主要研究方向为光纤通信技术。

光纤通信技术和产业概况

赵梓森

第一次工业革命的特点是机械化，第二次工业革命的特点是电气化，第三次工业革命则聚焦于信息化、新能源和生命科学。当今全世界人口约 70 亿，约有手机 60 亿部，说明现在已经进入信息化时代。

信息时代的主要物理基础是光纤通信和无线通信。无线通信网的基站仍需要光纤连接，也离不开光纤。发明光纤通信的英美籍华人高锟 2009 年获得诺贝尔物理学奖。

光纤通信的优点是传输容量大、传输距离远。2013 年光纤的传输容量达 100 Tb/s（1 T=1000 G），传输的中继放大距离达 80 km。通常采用单模光纤，价格低廉，约 0.5 元 /m。

光纤通信技术已经十分成熟，光纤的传输容量达 100 Tb/s，是采用各种复用手段实现的，如：时分复用（TDM），波分复用（WDM），极分复用（PDM），电平正交复用（QAM），空分复用（SPM）等。近来有人提出用"多芯光纤"来增加光纤的容量，如10芯光纤，即1根光纤中有10个芯，每芯传输100 Tb/s，则10芯可传输1 Pb/s（1 P=1000 G）。实际上，多芯光纤无实用价值，因为信号输入或输出到光纤的每芯时需要用光学透镜和微调机构聚集耦合，不能做长距离通信，只能做短距离通信和连接。

1966年，高锟在英国电信研究实验室发表论文说，玻璃丝可以通信即"光纤通信"，光纤的损耗可达到20 dB/km，当时几乎无人相信。1970年，美国Corning玻璃公司花3000万美元，做成3根长约30 m、损耗为20 dB/km的石英光纤。从此发达国家如日本、英国、法国和意大利等都开始发展光纤通信。1976年，美国从亚特兰大到华盛顿建成世界第1个实用化的民用光纤通信线路。

中国于1973年由邮电部武汉邮电科学研究院开始研制光纤，当时大多数人不相信光纤可以通信。1982年武汉建成中国第1条实用化的光纤通信线路。国家邮电部规定"实用化"的含义是：用于老百姓打电话，由邮电设计院设计，由工程队工人施工，所有设备和光纤光缆由工厂生产，而不是研究院和研究人员来完成。该线路跨越武昌、汉口和汉阳，全长13.3 km，传输8 Mb/s，共120路电话。此后国家开始继续建设更高速率的光纤通信线路。由于光纤通信的传输速率和距离大大超过电缆，1988年，邮电部宣布长距离通信不再采用电缆。现在全国乃至全世界使用光纤连接来实现通信。2005年，中国从上海到杭州建成传输速率为3.2 Tb/s的光纤通信线路，达到国际领先水平。近期中国高水平的光纤通信工程有武汉100 Gb/s民用光纤通信线路等。高水平光纤通信实验系统传输速率达67 Tb/s，均由武汉邮电科学研究院完成。

2013年，中国光纤通信产业情况如下：中国的光纤生产产量和市场约1.2亿km，占据全世界的1/2；光电子器件的产量和市场约占据全球的1/2；光传输设备和市场约占据全球1/3。基本可自给自足，还有少量出口。但高水平的光电器件，如速率为 25~100 Gb/s 的光电器件需要进口。当前中国的光纤生产厂为了提高竞争力，均在扩大光纤生产线，会引发光纤供大于求的局面，对通信事业发展十分不利。当前中国制造光纤所用的预制棒约有 1/2 依靠进口，所以不如把资金用于发展预制棒生产。总的来说，中国光纤通信的生产能力和市场占有率均位列世界第 1，技术仅次于美国和日本。

目前，世界发达国家正在发展光纤到户（FTTH）。在美国和日本，光纤到户约占用户总数的 1/2。中国也提倡发展光纤到户，遇到的主要困难是月租费用太高，而不是技术。目前因特网 2 Mb/s 的月租费约 1000元／年。如果采用光纤到户带宽 10 Mb/s，月租费将使用户难以承担。上海对光纤到户的发展比较成功，因收费较低，实装光纤到户数达到 320万户（截至 2013 年 10 月数据）。因此，发展光纤到户降低收费是关键。丰富高清影视节目的内容也是促进光纤到户的重要因素。

目前光纤通信使用的光纤，绝大多数是标准单模光纤，损耗为 0.2 dB/km，基本定型。近来正在研发超低损耗大有效纯硅光纤，光纤的损耗低至 0.149 dB/km，尽管这种光纤价格较高，但是因为会减少使用 1个中间放大站，总费用会节省很多，因此广受通信运营商欢迎。

（原文发表于《科技导报》2014 年第 8 期）

欧阳钟灿，生物物理学家，中国科学院院士，发展中国家科学院院士。现任中国科学院理论物理研究所研究员。长期从事液晶物理、生物膜、生物大分子及其他软物质理论研究。

中国平板显示产业发展
"风景这边独好"

欧阳钟灿

由于平板显示技术的革命性进步，高清电视、平板电脑、智能手机的普及使"大屏小屏人人有"已成为当今"科技走进生活"最亮丽的风景线并捷报"屏传"：被誉为"工程诺贝尔奖"的美国工程院最高奖德拉普尔奖，2012年授予液晶显示技术的发明者，2013年则授予手机发明者。

进入21世纪，新型显示技术成为继软件、集成电路之后的电子信息产业的核心技术，是战略性高新科技的基础和最具活力的电子信息产业。新型显示技术含量高，占显示终端成本比重高，如占平板电视成本的70%~80%，计算机的20%，手机的20%~30%。新型显示产业主要包括TFT-LCD（薄膜晶体管液晶显示）、PDP（等离子）及OLED（有机发光二极管）3 种平板显示。其中，TFT–LCD 占有市场近 90% 的份额。PDP 市场份额不足 10%。OLED 刚在手机上有应用，笔记本电脑、电视还未市场化。至 2010 年，全球平板显示面板的产值达到 1120 亿美元，占全球光电产业产值的 36.2%。中国是世界上最大显示产品应用的潜在市场，已有 10 多种产品的产量占世界首位，其中显示器、手机、彩电、激光视盘机、笔记本电脑分别占全球总产量的 67%、45%、55%、80% 和 80%。因此，市场的优势是中国发展 TFT–LCD 产业的天然条件。液晶显示是在笔记本电脑（PC）出现后得以战胜阴极射线显示（CRT）而生存下来的新技术，在移动互联网技术革命来临之际，现在又遇到新一轮的发展机遇，如平板电脑，2013 年全球出货量将达 2.4 亿台，其中 7~8 英寸出货量 1.08 亿台，占整体市场的 45%。中国市场规模为 6500 万台，占全球的 27%。触摸笔记本电脑和超级本也是平板显示市场新的生长点。

2009 年，中国彩电产量近亿台，有一半出口，其中 TFT–LCD 液晶平板电视占 68.3%。中国平板显示产业布局较晚，自主创新能力薄弱，彩电生产所需的面板供给能力严重不足，大尺寸彩电用面板全部依赖进口，致使整个彩电由 CRT 向平板显示转型面临严峻的挑战和压力。液晶面板占液晶电视整机成本的 2/3，国内彩电厂商被迫花费巨资，从韩国、中国台湾地区、日本厂商采购液晶面板。2010 年，中国液晶面板进口额超过 400 亿美元，仅次于集成电路（1569 亿美元）、石油（1351 亿美元）和铁矿石（794 亿美元）。因此，加速发展中国平板显示产业是保持中国全球最大的彩电生产国和消费国产业安全的需要，已经得到中国政府高度重视，被明确纳入"十二五"规划第十章"培育发展战略性新兴产业"，该章指出，要"推动重点领域跨越发展"新一代信息产业重点发展的领域。2009 年，国家发改委、工业和信息化部联合发布了《2010 年—2012 年平板产业发展规划》；2012 年 2 月，工业和信息化部公布了《电子信息制造业"十二五"发展规划》，在其子规划《数字电视与数字家庭产业"十二五"规划》中指出要逐步完善平板显示产业链，在高世代 TFT–LCD 面板及模组、PDP 面板规模化生产技术上取得重大进展。

在新型显示产业中，TFT–LCD 液晶显示明显占据主导地位。2003—2004 年，若干中国企业开始进入 TFT–LCD 工业，建设起 5 代线（主要有京东方、上广电和昆山龙腾光电）。此后，由于 5 代及以下世代生产线的产品不能满足电视屏的需要，所以国内各方一直希望能够引进 6 代以上的所谓"高世代"生产线。但直到 2009 年夏天，国外企业一直封锁技术，拒绝向中国转让高世代生产线。

2010 年中国电子信息产业的一个重大突破就是中国大陆自主建设的首条高世代液晶面板生产线——京东方合肥 6 代线，填补了中国大陆 32 英寸以上液晶屏的制造空白，标志着信息产业在关键技术上实现了突破。这条生产线自量产后，仅用了 2 个多月的时间，综合良品率已经达到 95% 以上，达到国际领先水平，并于 2011 年 5 月实现满产。这充分说明中国本土企业已完整掌握了液晶显示的核心技术。2011 年，习近平同志在安徽省调研时视察了京东方合肥 6 代线，他充分肯定京东方在开展研发工作、提高自主创新能力方面所作的努力和取得的成果，并强调战略性新兴产业代表着科技创新和产业升级的方向，决定着未来经济发展的制高点，一定要大力培育和发展。

平板显示产业作为中国战略性新兴产业之一，得到了政府和企业的高度关注，至今已投资近 3000 亿元。国家发改委与工业和信息化部表示，2013 年将根据《2010—2012 年平板显示产业发展规划》执行情况的评估结果，制定进一步的政策。2013 年，中国平板显示行业的重点工作是：政府将利用财政税收政策促进平板显示产业链的配套，企业加强 TFT–LCD 生产线的研发，缩小在液晶、玻璃基板、彩色滤光片、偏光片、发光材料、驱动芯片等关键材料和设备、AMOLED、低温多晶硅和氧化物背板、4K×2K 超高清等技术方面与日韩企业的差距。

近年来，全球主要平板显示企业陆续到大陆投资建线：在建的 8.5 代线有广州 & LG（韩国）、苏州 & 三星（韩国）、昆山 & 友达（中国台湾地区）及计划中的南京熊猫 & 夏普（日本）8.5 G。中国大陆企业北京京东方 8.5 G 与深圳华星 8.5 G 已先后达到满产，在建及计划建设的还有：合肥京东方 8.5 G，重庆京东方 8.5 G，以及深圳华星第 2 条 8.5 G。中国大陆正在成为世界平板显示产业的投资热点。到 2015 年年底中国大陆有 9 条 8.5 G 生产线，总产能 5650 万 m²/ 年，而 8 代线以上的产能，以基板总面积 / 年排序：韩国 4818 万 m²/ 年，中国台湾 1419 万 m²/ 年，日本 1024 万 m²/ 年。8 代以下的总产能，2015 年年底中国大陆 TFT–LCD 产能将超过日本和中国台湾，其中最适合生产 TV 屏的 8.5 G 生产线的产能将达世界第一。

在此高速发展、"风景这边独好"的形势下，平板显示产业决不能像个别"经济学家"主张的全部交给市场，而是要像原国务委员刘延东同志在十一届全国政协一次科协与科技界委员联组会上指示的：为防止全国各地液晶热与"产能过剩"，应该强调"政、产、学、研、用"相结合，实施正确的发展战略，支持、培育中国的 TFT–LCD 产业。我们相信：中国新型显示产业发展将有可能突破国产芯片产业发展长期徘徊不前的局面，在世界显示产业发展上后来居上，实现 2020 产能世界第一。

（原文发表于《科技导报》2013 年第 34 期）

刘合，石油勘探专家，中国工程院院士。中国石油勘探开发研究院副总工程师。主要研究方向为油气田开发。

石油工程仿生学的发展

　　从千百年前模仿蜘蛛织网发明渔网，到近代模仿鸟类飞翔发明飞机，人类一直在向大自然学习，对仿生学的使用也从无意识向有意识转变。中国科学院院士路甬祥如此定义仿生学：仿生学是研究生物系统的结构、性状、原理、行为以及相互作用，从而为工程技术提供新的设计思想、工作原理和系统构成的技术科学。

　　进入 21 世纪，仿生学的思维和方法迅速渗透到各个学科和行业，其中包括石油工程。为了系统、全面地推动仿生学与石油工程的融合，2009 年，中国石油勘探开发研究院成立了中国第 1 个石油工程仿生研究部门。经过几年探索，在仿生泡沫金属防砂、非光滑表面膨胀锥、仿生振动波传输等方面取得了阶段性成果，部分进入了现场应用阶段。实践表明，石油工程和仿生学的结合是合理可行的，从长远来看，建立"石油工程仿生学"是非常必要的。

石油工程仿生学是借鉴生物系统的结构、原理、功能等特征为石油工程技术难题提供解决方案的学科。根据石油工业的技术现状、需求和特点以及仿生学的整体发展水平，未来石油工程仿生学应注重材料仿生、表面仿生、信息仿生和工程仿生等 4 个方面的系统性研究，以点带面，形成涵盖勘探、开发、工程的仿生技术体系。

（1）材料仿生。材料仿生是指仿制天然材料或利用生物学原理设计和制造具有生物功能甚至是具有真正生物活性的材料。石油工程领域的材料仿生主要分为两类：一是在机械、电学、化学、物理等方面具有仿生特性的主体材料，此类材料或在宏观上体现出明显的仿生特征，或通过外场刺激可调控其分子的长度、结构、化学组成、表面形貌等，或通过自身特殊微纳结构形成天然材料所不具备的超常物理特性（如光学、声学、热学等），具有轻质高强、超隔热、声学隐身等特征的这类材料可用来替代石油工业中常用的钢铁、橡胶、陶瓷等，大幅提升现有材料、工具以及传感器的性能指标；二是具有强化、修复、润滑、保护等作用的微观仿生材料，此类材料可提高现有制剂性能、界面结合效果等，多以添加剂的方式应用。

（2）表面仿生。表面仿生是指在处理对象表面实现类似生物的表面结构。未来石油领域的表面仿生重点集中在仿生非光滑功能表面和仿生浸润性两方面：仿生非光滑功能表面主要应用到大量处于恶劣环境中的设备、管线、平台中，提高运动组件的减阻、耐磨、脱附等性能以及非动组件的防腐、防垢等特性，延长装备寿命，提高作业效率，降低安全风险；仿生浸润性处理使对象表面具有自清洁、亲油、疏油、亲水、疏水等不同浸润性的组合特征，从而衍生出新的功能特性。

（3）信息仿生。信息仿生是对生物信息获取、大数据处理以及生物间信息沟通、协同等特性的模拟与实现。石油信息仿生主要分两类：一是借鉴生物在信息感知和传递方面的特性，研制新型传感或信息传递装置，提高信号采集的精度、广度及适用范围，该技术可用于油田生产数据的精确采集以及信息的高效传递，提高油田生产状态的实时监测与控制水平；二是在信息处理方面借鉴生物的大数据处理机理和方法，提高大数据处理能力和智能化水平，建立决策机制，并将其应用在地震解释、油藏认识、开发方案制定以及油田综合管理等方面，促进油田勘探开发高效运行。

（4）工程仿生。工程仿生是对生物某种功能的模仿，注重仿生功能的实现，不强调机理相似。工程仿生主要有两类：一是对生物功能的模仿和实现，注重结构相似或生物功能的工程实现，优化功能结构和控制方式，促进功能拓展，提高作业效率和便捷化程度，如模拟微生物运动行为而设计出的能自主进入岩层微小孔道的微纳尺度机器人；二是工程实践方法，在石油仿生研究成果的工业应用过程中解决适用性问题，提供切实可行的工程实践手段。

目前，石油工程与仿生学的结合依然处于"形似"的初级阶段，随着生命科学研究水平的提高以及电子、材料、控制等学科的技术进步，人类对生命本质的认识愈加深刻，将促使石油工程仿生研究成果与被模仿的生物本身越来越"神似"；反之，石油工程仿生学的发展也使得人们在科研实践中深化了对生物本身及其活动的理解，进一步促进了生命科学研究，并使之有形化。

（原文发表于《科技导报》2018 年第 7 期）

郑绵平，盐湖学家和矿床学家，中国工程院院士。中国地质科学院矿产资源研究所研究员。主要研究方向为盐类矿产地质和盐湖综合资源研究。

盐湖农业与盐碱农业

郑绵平

　　全球盐湖、盐碱地广泛分布，中国西部内陆盐湖和东部滨海盐水域和盐碱地总面积约达 1.06 亿公顷，既是重要盐类资源，也是值得引起重视的土地资源，随着"盐湖农业与盐碱农业"观念和养殖技术的不断发展，将传统农业由淡土耕地向盐土耕地扩展，可改善盐区环境、世界人口膨胀、农产品不足等问题，为人类的食物供应获得更为广阔的来源。特别是在中国西部和西北部干旱半干旱地区，受近期气候干暖、湖面下降、湖泊盐化、淡水生物锐减、湖区牧场退化等不利因素的影响尤为严重。近年来，随着全球气候变化，湖泊干涸、盐湖流域荒漠化趋势加剧，比如在北京周边的 6 大湖泊中的安固里诺尔、查干诺尔、乌拉盖高毕等急速干涸，张北县的安固里诺尔，距北京 200 千米，在 2004 年干涸，湖盆流域盐碱地荒漠化。北京每年春季频繁发生的沙尘暴，严重影响着人们的健康和环境。研究表明，京津地区尘暴物质主要来源于这些干涸湖泊中的盐、碱和粉尘物质。据 1：50 万卫星照片初步统计，西北地区干涸湖泊总面积约 10 万平方千米，约占产生尘暴物质的 90% 以上。因地制宜地发展"盐湖农业"，不仅可部分替代化石能源，节能减排，又可绿化环境，降低粉尘污染外围城市环境，对于荒漠治理、生态环境保护、扩大食物来源和弥补牧草不足，发展西部落后地区经济，开拓具有干旱、半干旱地区特色农业，有其现实和长远战略意义。

盐湖农业（盐碱农业）是指在盐（咸）水域和盐碱地环境进行的农业生产，包括盐生动植物养殖和种植。钱学森先生在 1994 年 4 月 24 日给笔者来函中指出"盐湖农业不同于一般意义的农业，是利用盐湖生态环境及日照，通过生物生产商品，是农、工、贸与现代科技相结合的知识密集型产业，盐湖农业是 21 世纪的产业"。

盐湖和盐碱地对于一般动植物是一种极端环境，由于其含盐度较高，一般的生物不可在其中生存。因此，通常给人的印象似乎盐湖、盐碱地是死寂的、没有生物活动的水域。其实不然，在这类高盐环境中，还有少数生物种群与其种群的多数成员不同，能够适应高盐环境，而得以生长、繁衍。我们称这种生物为盐生生物或盐生物。随着环境含盐度的增高，盐生生物的属种越来越少，但是，由于寡有天敌，这些属种反而可以繁衍，其中不乏具有主要经济实用和科学意义的属种。例如在盐水域中，主要适于低盐水—中盐水的螺旋藻（*Spirulina*）含蛋白质高（50%~73%）；卤虫（*Artemia*）主要适于 20~11 g/L 盐度，由于含高蛋白质和多种氨基酸而成为对虾和名贵鱼类饲料。盐藻（*Dunaliella sp.*）富含 β–胡萝卜素、甘油和脂肪酸等多种保健品。又如在盐碱地盐生物种有很多富含淀粉、油脂、纤维素，可以作为能源植物加以利用，统称为耐盐碱能源植物（salina tolerance energy plants），例如大量生长的碱蓬、盐蒿、海蓬子、柳枝稷和油葵，可能成为能源植物。此外，在盐碱地土生土长的甘草、黑枸杞等，则可作为药用和营养品加以培植利用。

鉴于以往国内外盐碱地利用研究，多注重采取人工改良土壤工程措施来适应"淡水"作物生长；而提出"盐湖农业"的发展思路是利用现有规模的生物资源或改良抗盐作物，遵循盐碱水土自然形成规律，因地制宜，就地取材，培植适应当地的耐盐和嗜盐品种。建议将中国盐湖区和盐碱地列入国家科技发展的中长期规划，并在近期选择条件合适的地区，如钱学森先生指出的在格尔木北部盐碱地作为发展"盐湖农业"试点。

（原文发表于《科技导报》2014 年第 1 期）

赵继宗，神经外科医学家，中国科学院院士。现任国家神经系统疾病临床医学研究中心主任。主要研究方向为神经外科临床与临床基础研究。

临床神经科学是脑疾病研究的
源泉与归宿

赵继宗

　　中国的脑计划面向国家重大需求，以研究脑认知的神经机制、研发脑重大疾病诊治新手段和脑智能新技术为"一体两翼"的战略部署，临床神经科学作为"两翼"之一，必将成为研发脑疾病早期诊断与干预的源泉与归宿。

　　临床神经科学包括神经内科、神经外科、精神科和神经放射科，是诊治人脑疾患和脑损伤的临床学科，属于神经科学之一。脑疾病种类繁多，婴幼儿因脑发育障碍所致癫痫、自闭症；青壮年人群中精神性疾病，如抑郁症、精神分裂症、焦虑症、药物依赖；老年人神经退行性疾病，如阿尔茨海默病（AD）、帕金森综合征（PD）、脑中风；颅脑损伤后创伤后应激综合征、植物人状态、神经损伤修复及脑胶质瘤等，都属于临床神经科学的诊治范畴。上述脑疾病的共同特点：繁——病种多；惑——病因欠清；难——治愈困难；缠——后遗症经久难愈。脑重大疾病病人普遍存在认知、运动、社会交往多方面功能障碍，影响人类健康。

临床神经病学是发现和凝练脑重大疾病科学问题的起点、验证和实践科学发现的终点、参与研发生物工程产品的归宿。阿尔茨海默病人脑中发现 β – 淀粉样蛋白沉积，这种病理学改变与淀粉样血管病脑出血有无关系？如何经神经影像早期诊断 AD、胶质瘤恶性程度分级？如何同时记录成千上百万个的神经元活动，满足脑机接口技术需要，以及如何解决长期植入脑部感应电极的生物相关性，免于人体排斥反应？凡此种种临床神经科学的问题有待于基础研究解决。

建立中国大规模、标准化研究队列脑库和脑重大疾病遗传信息和脑成像图谱库，是脑研究的重要基础。中国拥有丰富的脑疾病临床资源，具备得天独厚的获取人体生物学标本（血、脑脊液、脑疾病标本）的条件，是中国脑库的建设保障。中国多个地区仍存在遗传成分比较纯的群体，人口遗传背景多样化为脑疾病临床样本提供了丰富的资源，非常适合于遗传家系、大样本临床研究和疾病流行病学研究。

临床神经科学也是脑重大疾病研究的落脚点和归宿，是成果转化、推广的临床基地。脑网络和脑功能的环路新发现，应用在临床开颅手术中可以保护病人的神经功能免于受损，同时也可通过在实施脑部手术的过程中得以验证。神经外科的脑部手术直接面对人类病患大脑，可以为脑科学研究提供强有力支撑。神经调制技术在脑疾病治疗，如深部脑刺激（DBS），在治疗精神疾病（抑郁症）和神经退行性疾病（癫痫和 PD）等多种脑重大疾病中都表现出有效性，经颅磁刺激（TMS）、经颅直流电刺激（TDCS）在脑疾病治疗上也处于活跃探索期。研发脑疾病机理与脑疾病生物标志物诊断试剂，活体脑成像新技术和重大脑疾病影像标志物，也需要在临床开展试验研究，获得循证医学证据，然后在临床落地应用，并在临床神经科推广，这也将推动国内生物高科技发展。

脑计划面向国家重大需求，研发脑重大疾病诊治新手段，需要与计算机科学、临床神经科学、光电子学、材料学、智能控制、数学和药学等学科多方位、多层次的研发合作。学科交叉和外部技术的吸收融合，对临床神经科学至关重要。当前中国掌握以临床资源的医生科研群体，以基础科研为主的科研院所研究员群体，以工程技术研发、新药创制等为主的研发群体，需要根据学科发展的需求，构建开放、共享、有效协作的脑研究国家实验室协同攻关。在科研成果转化和脑疾病药物、医疗器材开发方面加强转化推广。脑重大疾病研究需要理工学科科学家涉足医学，培养复合型人才是中国政府和科研机构重视的课题。探索青年人才培养的新机制，需要在学科交叉、学术交流和激励机制上进行新的尝试。

2013 年，科技部、原卫生部和原总后卫生部批准建立国家神经系统疾病临床医学研究中心，宗旨是以人脑重大疾病防治为切入点，还原临床医学和脑科学研究本质关系，努力跨越基础研究与临床应用的鸿沟，逐渐淡化神经内科、神经外科、精神科等医学专业之间的界限，不同专业领域关注焦点相互连接，以创新驱动脑疾病研究。中国脑计划"一体两翼"的战略部署，聚焦攻克脑重大疾病是未来医学和生命科学最重要的前沿领域，必将显著提升交叉学科的整体科技水平，催化脑健康产业的发展。在国家脑计划支撑下，通过基础研究与临床实践的转化研究，深入探索神经系统疾患状态下脑高级认知功能的改变与保护，更好地揭示大脑的奥秘，是临床神经科学亟待解决重要课题。

（原文发表于《科技导报》2017 年第 4 期）

第五章

科技建言

"科技建言"共选取 18 篇文章，对学科融合、技术革新、节能减排、污染防治等与经济社会发展、人民生活息息相关的重点科技应用提出发展建议，围绕提高中国科技竞争力、推进学科交叉融合、助力创新驱动发展、满足人民美好生活需要等方面建言献策。

金亚秋，电磁波物理与空间遥感科学家，中国科学院院士、发展中国家科学院院士。现任复旦大学信息科学与工程学院教授、电磁波信息科学教育部重点实验室主任。主要研究方向为复杂自然环境中电磁波散射与辐射传输、空间遥感与对地对空目标监测信息理论与技术、复杂系统中计算电磁学等。

加强智能科学交叉领域研究

金亚秋　徐丰

人类新科技应用发展呈现指数式增长的规律，新技术革命来临的时间间隔越来越短，而每一次新范式的出现都会引发爆发式飞速发展。有人将由数据驱动的科学研究视为是继理论、实验、计算之后的第 4 种范式、或第 4 种科学支柱。随着深度学习和人工智能技术的迅速发展，人工智能与大数据紧密联系在一起，人工智能为大数据驱动的研究提供了新的科学基础、思维方式与处理能力。人类社会由信息时代步入智能时代，智能科学是智能时代的基石。

智能时代一定涵盖了广泛的科学与应用技术领域，需要加强智能科学与传统学科的交叉领域研究，正如在计算科学时代要依赖高速计算机和高性能数值计算方法，与各传统学科的交叉产生了计算数学、计算物理、计算生物、计算化学、计算大气等。智能科学的理论基础不仅是计算神经建模或大数据挖掘处理，还在于各传统学科产生的新增长点，在于智能与数学、物理、化学、生物、医学、地学等自然科学甚至社会科学的交叉。这种交叉赋予了大数据具体的智能的生命活力与行为舞台。

这种交叉肯定是双向、双赢的。今天的智能科学还是一个年轻的学科，虽然近来深度学习等技术发展十分迅速，依靠海量的训练数据和深度神经网络的超强拟合能力取得了很好的应用效果，但学术界已经感觉到深度学习的理论发展存在瓶颈。因为其背后的类脑计算神经建模的理论积累不足，深度神经网络没有脱离函数拟合的本质，这也引发了人工智能领域的新一轮的思考与探索。

智能科学自身的发展离不开与传统学科的交叉与结合。因为人类智能是外部世界对人脑施加作用后产生的反作用，因此需要与外部世界一起作为对偶问题进行研究。长期以来，人类建立了对于客观世界的自然科学研究和人类社会科学研究。因为人类智能与外在世界互为对偶、互不分割的根本属性，可以按人工智能所应对的对象及关联学科分为数学、物理、心理、意识 4 个研究阶段。其中第 1 阶段解决类脑智能形成的通用学习算法的数学理论；第 2 阶段发展应对物理世界的物理智能；第 3 阶段发展应对社会群体的高阶智能；第 4 阶段研究自由意识的本质和人工智能能否形成意识的根本问题。

智能科学将促进传统学科的进一步发展，就像过去半个世纪以来计算机和计算科学大大加快了各门科学研究的速度，成为现代科学定量数值研究的最重要工具。人工智能对客观世界或人类社会大数据的挖掘分析，将成为科学研究的新一代重要工具，应当倡导更多传统科学的研究人员使用人工智能和大数据技术进行科学研究。从海量的大数据中挖掘发现新的科学规律，例如从大量材料合成试验的数据中挖掘归纳发现新材料，从大量病患数据的分析处理发现某种疾病隐藏的规律，通过社交网络大数据分析得出某种人类活动的规律等。

　　以物理学与智能科学的交叉研究为例，依据物理学基本理论，来发展能应对物理世界的人工智能，我们称之为物理智能。物理智能将超越人类智能，原因在于：①物理学描述的现象超越人类感官范畴，比如物理学涵盖的尺度范围和速度范围远超过人类能适应的范围，又比如电磁学描述的频谱远超过人眼能感知的光谱范围；②计算物理的精度和速度可以超过人类大脑的估算能力。作为物理智能一个典型的例子，通过力学模型构建的人工智能可以精准地控制机器人的运动。另一个例子为"微波视觉"，一种基于计算电磁学引擎的物理智能，像人脑处理光信息一样来处理微波信息。反过来，通过人工智能来处理实验数据，发现新的物理规律，我们则可以称之为智能物理，这是对计算物理的新发展，其内涵在于基于海量数据来智能地研究与发现得出新的科学现象与科学结论。

　　中国科技发展进入了新的关键点，中华文明将在人类科技史上做出与我们悠久历史相称的贡献，智能时代的来临给予我们一个契机。大力加强智能科学交叉领域的研究，一方面需要在更多传统学科研究人员中推广新的人工智能技术，另一方面需要智能科学领域以更开放的姿态包容传统学科研究人员的加入，这样才能引起百花齐放的局面，在世界智能科学时代占据先机。

（原文发表于《科技导报》2018年第17期）

李小文，遥感／地理学家，中国科学院院士。北京师范大学地理学与遥感科学学院教授，遥感科学国家重点实验室研究员。主要研究方向为地物光学遥感和热红外遥感的基础研究和应用研究。

编制大数据时代的大地图，
遥感可先行

李小文

习近平总书记在 2014 年院士大会上的讲话中，讲述了康熙组织制作的《皇舆全览图》，高度评价它"科学水平空前"，居于"世界前列"，又总结了中国后来落后的教训。这对于我们从事地理、测绘、地图、遥感工作的人是很大的激励，同时也让我们深感肩上责任重大。

上述教训指的是什么呢？一是如此高水平的地图，秘藏于内府，没有在中国当时的社会经济中发挥作用；二是没有接棒人，水平基本停滞于当时。结果导致西方在相当长时期内对中国地理的了解要超过中国人。

中国国家大地图集的概念，应该来自"向科学进军"的 1956 年，作为"十二年科学发展规划"重大研究任务之一，成立了以竺可桢为主任的国家大地图集编纂委员会。当时计划按自然、普通、历史、农业等分集出版地图。但直到 1964 年，第 1 部综合性自然地图集才得以出版送审稿，正式出版则是 1965 年 10 月。

直到 1981 年 12 月"科学的春天"，中国才正式启动了国家大地图集第 2 次编制工作。经过 10 余年努力，先后编制完成了农业、经济、普通、自然等国家地图集。但是，中国近 30 年发展之快，这种纸质分集出版的国家大地图集恐怕是无法满足需求的，例如中华人民共和国国家历史地图集到 2012 年 6 月 1 日才出版第 1 册（共 3 册）。所以必须应用"科学水平空前"，居于"世界前列"的信息科学技术，来制定和及时更新国家大地图，并在信息获取的广度上，从国家走向全球。为此，有识之士做了大量努力。例如陈述彭先生去世前，还在呼吁要编制信息时代的中国大地图，或者地球系统网络平台。国家测绘局改名为国家测绘地理信息局，其实都是在考虑接棒，就是要编制以大地表面经、纬度，空间位置为索引的综合国情共性关键数据库，或者说"百科全书"。

只是，综合到什么程度？"9·11 事件"以后，美军研究人文地形系统。从 2006 年开始配备这样的人文地形图到伊拉克、阿富汗前线部队，这说明了一个新的潮流。另一个例子是谷歌推出电子地图后，我们也有了自己的"天地图"，但目前仍处于模仿阶段，如何超越前者呢？国家也立项支持测绘行业的业务拓展到基础地理信息。这是走综合之路的美好尝试，但是道路依然很漫长。

总之，我们需要一个地理国情的综合信息系统。数据来自各行各业，来自历史地理、人文地理、自然地理；包括社会、经济、民族、宗教、生态、环境、疾病、健康、灾害、民风、舆情等各类信息；同时也可以及时为各行各业生产出他们需要的专题图件，或者作为地表过程的科研平台。

但是，各种数据的比例尺，或者分辨率是不一样的，要包容各种不同形式的数据输入，又能灵活输出用户所要求的比例尺或分辨率，同时要及时更新几十颗、上百颗卫星的遥感数据、机载数据和地面数据，这就需要尺度转换的理论和方法。例如：历时约 7 年的第二次全国土地调查（简称二调），怎么说明 1.35 亿公顷耕地这一结果的可靠性，其随机截断误差、系统误差究竟有多少是尺度差异带来的？系统误差如何纠正？今后又如何年度更新？土壤污染普查，涉及面积达 630 万平方千米，按 1 个采样点／平方千米计，数据已是海量，但仍不适应土壤污染现状的宏观把握和对土壤治理图件的要求。是否需要补测，如何补测？全国有 3 次土壤侵蚀普查，分别应用了 3 种不同分辨率的遥感数据，目前从遥感数据和水土侵蚀模型得出的黄河流域总输沙量吻合较好，但仍需掌握更小支流流域模型与真实的对照，才能用于风险预估和决策依据。这又直接需要对尺度效应的研究和规律探索。

综上所述，由于行业差异，国家大地图集各分集出版时间差距太大，已经逐渐失去了综合这一大特色，成了行业（或专题）地图的分集的统称。目前地理信息科学技术的发展，已经使"大地图集"的概念可以进化为综合性更强的"大地图"。而全球的卫星（和部分地面）数据覆盖，也为我们自主产权的大地图立足中国、走向世界，创造了条件。当然，困难也是巨大的，这种跨地区跨行业的协同创新，不是地理、测绘、遥感等少数几个学科或部门能完成的，这需要更高层次的顶层设计和组织实施。但是，毕竟国家已经有了海量的数据积累（仅以二调为例，即达约 150 TB），每天仍有海量遥感数据源源不断产生。如何理解、消化这些海量数据，使之成为能为国家、各行业以及公众服务的信息产品，并从中归纳出一些规律，积累遥感服务于"大数据时代的大地图"的经验，则是完全可以先行一步的。回到康熙的《皇舆全览图》，尽管从 1708 年下旨正式启动到 1718 年第 1 稿完工花了 10 年，但正式启动之前的预研和试点，就花了近 20 年（一般从 1689 年左右算起）。所以，遥感先行一步，开始搞尺度效应研究、行业调研和参与小流域治理试点，是必要的，也是可行的。

（原文发表于《科技导报》2014 年第 18 期）

苏纪兰，物理海洋学家，中国科学院院士。国家海洋局第二海洋研究所名誉所长。主要研究方向为物理海洋学环流动力学。

海洋生态安全的重要性

苏

　　人类社会的发展和进步依赖于对自然界资源与环境的开发利用，依赖于生态系统的服务功能。因此人类社会的生产、生活活动不应超越生态系统的承载能力，不宜损害生态系统服务功能的持续提供。多年来，中国在经济建设中，不少工程项目高消耗、低水平、重复建设，生态环境成为经济增长的牺牲品。即使在经济已经起飞的今天，这一势头也并未得到很好的遏制。因此，党的十八大报告提出"推进生态文明建设"的目标，实质上就是为了保障生态安全，实现中国长远稳定、可持续发展。

　　事实上，对陆地资源开发与生态环境保护的辩证关系，中国各界已有共识，陆地生态安全也早已引起国家高度重视。退耕还林生态建设工程自 1999 年开始试点，2002 年全面启动，"退牧还草""退田还湖"等多种工程也相继推行，并取得了好的效果。但相比之下，中国对海洋生态价值认识不充分、生态安全意识淡薄，在海洋开发规划和建设中往往对海洋生态安全考虑不足，使海洋生态环境问题突出。

海洋是人类生命活动的摇篮，除了调节着全球的气候和降水，还为地球存蓄了约 25% 的基因资源和 50% 的油气资源。广袤的海洋还为人类提供了丰富多样的鱼虾贝等水产品，与陆地张弛互动造就了美丽宜人的滨海景观。然而，海洋又是一个相对脆弱的自然生态系统，她的资源和环境并非取之不尽、用之不竭。从中国四大海区来看，新中国成立以来已经丧失了 50% 以上的滨海湿地，天然岸线减少、海岸侵蚀严重，而这里是包括渔业资源在内的生物多样性的关键海域。目前主要经济渔获物大幅度减少，赤潮、绿潮和水母灾害不断，近海富营养化严重，海上溢油事故频发，近海亚健康和不健康水域的面积逐年增加。加之中国大量海洋与海岸工程构筑在河口、海湾、滩涂和浅海，多种工程的生态影响相叠加，致使中国海洋生态灾害集中呈现，海洋生态安全前景堪忧。再者，相比陆地生态系统而言，海洋与江河湖泊等水生生态系统的破坏往往是长期，甚至永久性的，生态修复十分艰难，太湖、滇池等富营养化水体治理的进程缓慢便已充分说明这个问题。

中国是陆地大国，但海洋国土只有 300 万平方千米，居世界第 9 位，尚存不少有争议的海域。人均海域面积只有世界沿海国家均值的 11%，人均海岸线更低。可以说，中国的海洋国土资源"寸海寸金"，弥足珍贵。但由于不尊重自然规律地盲目开发，大规模人类活动的干扰已大大超出了中国近海海洋生态系统自身的调节能力，海洋生态系统业已受到严重侵害。迫于人多、地少、资源紧缺的压力，海洋开发对中国未来经济发展将越来越重要，保证中国海洋生态系统服务功能和海洋资源的可持续利用，才能保障中国国力和国家安全。

党的十八大报告中对"建设海洋强国"作出了明确的战略部署，要求我们"提高海洋资源开发能力、发展海洋经济、保护海洋生态系统"。这就要求我们对保护海洋生态系统作出反思。为了正确认识和评估海洋的生态价值以及海洋生态系统的脆弱性，落实科学发展观，合理开发利用海洋，维护海洋生态安全，需要做到以下四点。

一是增强海洋意识，转变观念，把海洋生态文明作为小康社会的标准之一，确立海洋生态安全法律地位。生态安全是生态文明的底线和基础，核心是生态系统的协调；生态安全也是以人为本的具体体现。在修订《中华人民共和国环境保护法》和《中华人民共和国海洋环境保护法》时，把维护海洋生态安全作为一款单独列入，明确海洋生态安全保护的基本原则、奖惩制度等内容。

二是划分生态红线控制区，维护海洋资源环境承载力。为保护海洋生态环境和资源，海洋与海岸工程建设应坚持"环境准入不降低、生态功能不退化、资源环境承载力不下降、污染物排放总量不突破"4条原则。将各类法定的海洋保护区、自然岸线、生态敏感性极高的海域以及生态风险区划为生态红线区，作为海洋开发不可逾越的空间约束。可以参照国家海洋局近日印发的《关于建立渤海海洋生态红线制度的若干意见》，将渤海重要敏感生态区域划定为海洋生态红线区进行生态环境保护的做法，根据海洋生态系统属性对全国沿海进行科学划分，全面实行分区生态红线控制管理。

三是加强涉海大型工程生态安全评估和整改，改善海洋生态环境。对中国已经建成或即将建成启用的沿海重大工程项目进行生态安全检查和评估。对效益较差的工程项目实行关停并转，对其用海区域进行盘活和再调配，以满足新增项目的用海需求，避免过度围填海对海洋生态系统的破坏；对集群产业结构进行兼并重组调整，严控低端重复，鼓励发展高端产业。同时制定国家及地方海洋生态修复规划，对受损严重的海洋生态区进行系统修复。

四是以海洋环境保护为本，积极发展滨海生态旅游。根据中国经济发展趋势和消费结构转型升级的要求，开发利用中国丰富、优良的海洋与海岸资源，发展滨海生态旅游业，提高公众的海洋生态安全意识。

（原文发表于《科技导报》2013 年第 16 期）

何友，信息融合专家，中国工程院院士。现为海军航空大学信息融合研究所所长、海战场信息感知与融合技术军队重点实验室主任。主要研究方向为信息融合、信号处理、大数据技术及应用。

加快发展海洋信息处理技术，为海洋强国提供科技支撑

何友

中国拥有 300 多万平方千米的内海、领海和专属经济区，其中所蕴含的丰富海洋资源是关系到国计民生特别是经济可持续发展战略的宝贵财富。党的十八大作出了建设海洋强国的重大部署："提高海洋资源开发能力，发展海洋经济，保护海洋生态环境，坚决维护国家海洋权益，建设海洋强国。"雄踞太平洋西岸的中华民族正在努力实现从海洋大国到海洋强国的历史性转变，标志着中国进入了一个蓝色跨越、和平崛起的新时期。实施这一重大部署，对推动经济持续健康发展，对维护国家主权、安全、发展利益，对实现全面建成小康社会目标进而实现中华民族伟大复兴都具有重大而深远的意义。

要建设海洋强国，维护国家海洋权益，必须优先发展先进的海洋信

息获取与处理技术，实现对海洋目标的连续、实时、精确的监视与预报。《国家自然科学基金"十三五"发展规划》将海洋目标信息获取、融合与应用列为信息科学部优先发展领域。国家海洋局也相继发布《国家海洋局信息化整合工作总体方案（2017—2019 年）》和《国家海洋信息通信网建设地面网整合方案》。在此形势下，有必要加强该领域专家学者之间的学术交流，探索不同手段获取与处理海洋目标的机制、理论、方法，实现不同类型信息的有效融合。

海洋信息科学技术主要研究海洋及目标信息的产生、获取、存储、显示、处理、传输、利用及其相互关系，涉及电子科学与技术、信息获取与处理、信息与通信系统、计算机科学与应用、网络与信息安全、人工智能与智能系统等领域，是综合交叉的学科领域，在国民经济和国防安全领域有着广泛的应用。海洋信息处理是以应用为主要目标的科学和技术，其发展很大程度上依赖于探测和感知手段的发展，新理论和新方法是海洋信息处理领域持续发展的理论基础和重要原动力，是其发展的重要推动力量。海洋目标信息获取与处理是实现海洋目标动态监控的核心基础。近年来，随着人类开发和利用海洋逐步发展所导致的权益冲突日益加剧，以及海洋目标安全需求的不断提高，海洋目标信息获取与处理已成为各海洋强国占领制高点的必然需求，是当今信息系统与信号处理领域的重要发展方向之一。

海洋目标类型多样，覆盖海面、水下、空中，包括民船（商船、渔船、货轮等）、军船（航母、驱逐舰、护卫舰等）、钻井平台、潜艇、无人潜航器、水雷、鱼雷，以及海上飞行的民航、军机（预警机、战斗机等）、导弹、无人机等，分布区域广阔。与此同时，受台风、洋流等因素影响，海洋环境复杂，气象多变，对声、光、电、磁等探测手段具有不确定的影响，现有的目标信息获取与处理能力远不能满足当前对各类型海洋目标连续、实时、精确的监视与预报需求。为此，需进一步深入开展海洋目标信息获取与处理研究，探索不同手段获取与处理海洋目标的新机理、新理论、新方法，解决各种不确定性因素对复杂海洋目标信息获取与处理过程的影响，实现多源异质异类异构海洋目标信息的有效融合，为海洋安全监管、海上突发事件应急响应、海上搜索救援、海洋环境监测保护、海洋资源勘探开发、海洋防灾减灾等提供基础支撑。

近年来，对海上目标探测、识别、海洋环境感知、水下信息获取和处理等应用需求的极大增长，为海洋信息处理领域的快速发展提供了良好的基础，海洋信息系统的多维信息获取能力和信息处理水平得到快速提高。另外，应用需求的进一步发展对海洋信息处理提出了更高的要求，要求研究更为精确、有效、低成本获取海洋环境中目标数据的信息采集机制、理论和方法；要求发展准确获取目标参数，并进一步重建（反演）目标特征的信号处理理论和方法；要求仅从雷达等单一传感器的信号处理理论和方法向多传感器信息融合方向发展；要求快速可靠地从复杂海洋背景下检测和跟踪"低慢小快隐"目标的能力。这些问题已成为制约海洋信息处理领域进一步发展的重要"瓶颈"。国内外对其中一些问题已开展研究，并已形成该领域的研究热点，这些问题的解决仍亟待大量理论和方法的创新。此外，还需要尽快研究突破以下关键技术：①海洋信息网络体系技术；②海洋环境观测、信息获取与认知技术；③海洋目标观测、信息获取与认知技术；④雷达／光电对海上目标探测与识别技术；⑤水下环境感知与目标探测识别技术；⑥航空航天海上遥感技术；⑦天空基海洋目标监视技术；⑧海空多平台海量数据处理与信息融合技术；⑨海洋信息获取系统新体制、新平台设计与应用；⑩海洋智能信息处理技术；⑪海洋环境下装备抗干扰技术；⑫海洋与目标探测试验、评估。

（原文发表于《科技导报》2017 年第 20 期）

蒋有绪，森林群落学家，中国科学院院士。现任中国林业科学研究院森林生态环境与保护研究所研究员，北京大学城市与环境学院教授。主要研究方向为森林生态系统结构与功能森林地理学、森林群落学、生物多样性、森林可持续经营等。

加快生态文明建设　积极应对
自然灾害和次生灾难的常态化

蒋有绪

　　21 世纪以来的世界发展，除了全球性经济衰退尚未复苏的态势外，更为严重的是随全球气候变化而来的气候异常所带来的气候灾难以及跟随的次生生态灾难的常态化。

　　不可争辩的事实是，近 30 年太阳活动并没有发生明显的趋势变化，它的自然变化对全球大气升温的贡献不及人类活动产生温室气体作用的 1/10。台风，飓风，龙卷风，强暴雨，沙尘暴，酷热、极端低温和寒灾雪灾，特大干旱和洪涝灾害，森林火灾，山体滑坡，泥石流，山洪等，造成了人民群众生命财产的巨大损失。

　　联合国环境发展署（UNEP）指出：2003 年因气候变化导致全球 600 亿美元损失，比 2002 年的 500 亿增加了 20%，2003 年欧洲热浪导致 2 万人死亡，农业损失达 100 亿美元。全球变暖引起的病菌蔓延，新的病原体的变异产生新的传染病，直接威胁人畜的健康和生命，如波罗的海地区乃至整个北欧地区 2012 年曾流行弧菌（*Vibrio*）导致的疫病，这在过去是没有的。因为海水增温，增强了弧菌的传播能力。

全球自然生态系统的全面退化，其为人类生存所依赖的服务功能正在衰减；全球生物物种正经历地质历史以来的第 6 次大灭绝过程；冰盖冰川的加剧融化，海平面急剧上升，全球超过 130 个港口城市受到威胁的报道不断传来，中国的广州、上海、天津、宁波、青岛、香港等都在其列，城市内涝成了世界性城市灾害。

以上各种灾难主要是人类活动排放过多的温室气体，由此造成的气候变暖导致气候异常而产生的。科学家研究指出，这种气候灾难和生态灾难的发生频度、强度在 21 世纪会越来越多，其不确定性和难以预测性也越来越大。来自 15 个国家的 20 多名专家研究得出一个不容乐观的结论：地球生态系统将很快进入不可逆转的崩溃状态。

凡此种种，正在威胁着人类的生存和可持续发展。联合国秘书长潘基文这样评价 21 世纪："供给短缺，全球温度高位运行，气候变化让世界知道旧模式（指工业革命以来毫无顾忌地浪费资源，消耗能源，牺牲环境的发展模式）早已过时，而且极为危险，是一种'全球自杀性的契约'"。对于人类活动导致全球气候暖化带来的世纪性灾难，人类必须为生存和可持续发展作出建设性的努力。

人类必须转变发展方式，全球努力，建立新的绿色发展模式，即节约能源、节约资源、保护环境，减少二氧化碳等温室气体的排放，遏制全球变暖，积极有效应对气候变化，正确处理人与自然、资源、环境的关系，使人类社会和人类所居住的地球系统得到可持续的发展。

在世界各国政府为减少二氧化碳排放举行的谈判进展困难重重的境况下，中国把科学发展观和建设生态文明作为指导思想，反映了中国人民崇高的人文理想和"人与自然协调发展"的理性目标。

建设生态文明，是关系人民福祉、关乎民族未来的长远大计。面对资源约束趋紧、环境污染严重、生态系统退化的严峻形势，必须树立尊重自然、顺应自然、保护自然的生态文明理念，把生态文明建设放在突出地位，融入经济建设、政治建设、文化建设、社会建设各方面和全过程，努力建设美丽中国，实现中华民族永续发展。

为此，要坚持节约资源和保护环境的基本国策，坚持节约优先、保护优先、自然恢复和人工恢复重建并举来增强自然生态系统的服务功能。着力推进绿色发展、循环发展、低碳发展，形成节约资源和保护环境的空间格局、产业结构、生产方式和生活方式，从源头上扭转生态环境恶化的趋势，为人民创造良好生产生活环境，为全球生态安全做出贡献。这正是"建设生态文明"和"社会主义生态文明新时代"的全部内涵和任务。

党的十八大提出的"五位一体"的建设目标，其他几项都有具体的任务和目标，而生态文明建设是融入其他四个建设中去的。也就是说，生态文明所应有的理念、认识和原则，如思想、道德、品质、伦理，是要渗透融入经济建设、政治建设、文化建设和社会建设中去的，即融入完善市场经济体制和加快转变经济发展方式，推进政治体制改革，推进社会主义文化建设，改善民生，推进创新管理的所有活动和环节中去。

从另一方面说，生态文明建设，也需要有利于生态文明建设的法制、文化、教育、舆论环境、行业监管等的法律、法规、规章制度，以及建设的环境、氛围等。因此，"五位一体"的建设和推进，是相辅相成，相互促进的。生态文明建设则是体现发展总成果的思想、精神更高境界。可见，"五位一体"的建设模式的推出，是对人类社会发展进程的创新性发展。

21世纪是人类拯救自己家园的关键100年。在生态文明建设中，在应对全球变化带来的生态影响、建设美丽中国的伟大使命中，要发挥各行各业、各部门的作用，做出各自不可替代又相辅相成的贡献。经过全国各族人民的努力奋斗，我们一定能够实现全面建成小康社会，进入生态文明的新时代。

（原文发表于《科技导报》2013 年第 22 期）

毛军发，电子学家，中国科学院院士。现任上海交通大学电子信息与电气工程学院院长。主要研究方向为高速电路互连与射频电子封装。

发展异质集成电路，提升射频电子技术

射频电子技术是无线通信、物联网、雷达导航等应用领域的核心技术。以Ⅲ－Ⅴ族为代表的化合物半导体电路由于优异的材料与器件高频性能，很适合射频应用，但其集成度和复杂功能等性能不足，成本高。硅基工艺电路虽然集成度大、成本低，但噪声、功率、动态范围等性能不足，并且摩尔定律已面临极限。

射频异质集成电路可将 GaAs、InP 等化合物半导体材料的高性能射频元器件、芯片与硅基低成本、高集成度、高复杂度的数字和模拟混合电路模块，通过异质生长或键合等方式集成为一个完整的 2~3 维集成电路，充分发挥了各种材料、器件与结构的优势。

射频异质集成电路是当前射频电子技术的主流发展方向之一，美国、欧洲、日本等都非常重视，近 10 年投入大量物力、人力进行研发，如美国国防部高级研究计划局（DARPA）设立了硅基化合物半导体材料（COSMOS）和多样化可用异质集成（DAHI）2 个计划。

1 目前主流的异质集成技术

（1）单片异质外延生长技术。包括一个埋入的 III – V 族化合物构成的模板层，在其上外延生长高质量的 III – V 族器件。模板层兼容标准的硅基互补金属氧化物半导体（CMOS）工艺，但后续 III – V 族器件的制备与标准 CMOS 工艺不兼容，需要额外工艺配合。

（2）外延层转移技术。一种典型工艺步骤为，InP 晶圆上先外延生长 InP 双异质结晶体管（DHBT）外延层，随后通过载片将刻蚀掉 InP 衬底的外延层转移键合到带有粘合层的 Si 衬底上，制作出 InP 器件及其与 CMOS 器件之间的金属互连。

（3）小芯片微米级组装技术。先在标准 CMOS 和 CS 等工艺规范下设计实现具有部分结构和功能的电路单元，采用后道工艺在 CMOS 和 CS 衬底表面制作出部分金属互连结构；再将减薄且分离的 CS 小芯片固定在一个载片上；最后通过低温热压的方法将小芯片键合到 CMOS 晶圆上。

近年来，中国电子科技集团公司第十三研究所与第五十五研究所、中国科学院电子研究所、上海交通大学、中国科学院上海微系统与信息技术研究所等单位先后开启了异质集成电路技术的研究工作，并取得了初步成果。

2 射频异质集成电路存在的关键科技问题

（1）多物理机理与性能耦合分析。射频异质集成电路各种半导体器件应满足 Boltzmann 方程或漂移扩散方程，高频段电路则在 2~3 维的复杂激励和边界条件下求解 Maxwell 方程组，高密度集成的热效应必须求解热扩散方程，不同材料间不均匀的温度分布和热膨胀程度还可能引发热应力失效问题而需要求解热应力方程。上述多种物理效应相互耦合，必须同时分析电－热－应力耦合的多物理特性。

（2）协同与融合设计。若要充分利用CMOS、Ⅲ－Ⅴ族、微机电系统（MEMS）和集成无源器件（IPD）与电路各自优势，融合设计出传统方式无法实现的高性能或新功能集成电路，需要打破许多传统设计方法的框架和定式，在异质融合程度与互连性能之间寻找平衡点。互连与衬底高频电磁效应引起的信号完整性问题、由CMOS器件电源／地开关噪声引起的电源完整性问题、器件间的电磁兼容和电磁干扰问题非常严重，在设计中必须协同考虑。多功能协同设计已成为当前微波射频电路与系统设计的重要发展方向之一。

（3）工艺实现。以目前最有应用潜力的小芯片组装集成技术为例，各种器件、小芯片、晶圆和金属互连结构所能承受的工艺温度和压力各有差异，在借助于载片实现诸多小芯片一次键合的情况下只能按照最低工艺参数进行，若要充分考虑工艺过程中可能积累的热应力和机械损伤，实现方式会受到很大限制，还存在异质互连的低电阻、低热阻特性和工艺可靠性、器件多样性之间的矛盾。

（4）测试验证。电路设计融合度与可测性之间的矛盾必须解决，目前提出了互连连通性和高频性能测试、小芯片性能重测以及制造加工测试等方案，还要验证是否所有器件都已被正确连接，以及集成到复杂结构中的射频元器件是否正常工作。此外，还需要探索其中的逻辑学和数学物理原理，突破校准和去嵌入、可测性设计以及计算机辅助测试等关键技术。

总之，射频异质集成电路技术可结合化合物半导体和硅集成电路的优势，但一些关键科技问题有待解决。中国应抓住机遇，大力发展异质集成电路，快速提升射频电子技术。

（原文发表于《科技导报》2018年第21期）

陈俊亮，通信与电子系统专家，中国科学院院士，中国工程院院士。现任北京邮电大学网络技术研究院院长。主要研究方向为通信程控交换技术，现从事网络智能服务领域研究。

构建服务软件研发平台
提升中国服务业水平

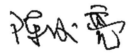

　　当前，中国很多地方都在着手智慧城市和物联网的应用项目研发，如环境污染、河流水质、森林火灾等检测项目，其他如药品、食品安全，各单位或特定场合的安全监控等应用项目也很多。目前的情况是，各研发部门就项目的具体需求分别运用软件工程的方法独自进行开发，其中也用到一些软件工程的工具，如需求的描述、生成代码的各种级别的测试等。这些不同类型的应用服务看来千差万别，实质上它们具有一些共同的基本特点：即其基本驱动信号均来自布置于底层的各类传感器，需要有不同的流程对于这些传感信号进行预处理，根据不同应用，流程之间需要有多重复杂的交互，最后才形成具体的应用。当前，它已形成了一门相对独立的学科，称为"服务计算"。

该学科研究的基本问题之一，就是服务，包括流程的规范描述及其处理。因此，看似千变万化的服务需求，都可以用一些基本的方法进行规范与描述。此外，复杂流程的交互与执行，也是该学科的研究内容。从原则上来说，我们对于一些服务应用的具体开发过程并不需要按软件工程规范的过程——从需求的书写，到软件系统设计，而后对于每一软件模块进行详细设计直至编程，随后对于得到的代码进行各种模块级、分系统级直至系统级测试，最后经过规定程序，直至交付使用。如果用服务计算的办法，我们可以直接用相对已成熟的方法描述服务的需求，再经过一些规定的转换、测试与模拟即可直接运行，其中并不需要有任何编程工作。这样就有可能大大节约开发时间与成本，同时还提高了应用系统的质量，这样开发出的系统的一个重要优点是易于维护，因为其任何需求的修改是在高层进行，不需要考虑代码级的维护。从中可以看到，如果我们能把国内在服务计算领域的一些研究成果进行收集、集成，形成一个通用平台，并为国内广大服务应用需求者使用，将对中国服务业软件的开发、应用起到很大的推动作用，进而为提升中国的服务业水平作出贡献。

我们建议服务软件研发平台包括如下几个主要部分：

（1）服务生成与执行库。包括描述服务的 BPEL（服务进程描述语言）流程生成；JBPM（基于 Java 的服务进程管理）工具，用于人机交互的服务描述与执行以及服务表单管理等；统一消息空间，用以执行进程间的消息传递；服务执行引擎，完成预订服务的执行。上述工具与平台通常用于复杂服务的描述与执行；另一类则是一些轻量级的服务生成与执行，例如帮助找空停车位的服务等，此类工具如混成（Mashup）、Javascript（基于 Java 的服务描述）等。

（2）服务资源库。首先是服务组件库，一般一个服务是由控制流程加服务组件构成，服务组件是服务的组成单元（称为 Web 服务），很多Web 服务可从互联网中获得，中国一些高校与研究机构已积累了数万个Web 服务，如果得到共享，则可大大方便开发进程。其次是各行各业已积累的现成服务，如电信界的短信、微信、邮件、会议、验证注册服务等；目前已比较成熟的地图、定位、车载导航服务等；其他如人脸识别、视频图像识别服务等。电子商务服务则提供认证、支付、交易、商品查询及比价服务等；还有图像识别、语音处理、视频转码、报表、财务、CRM、电子政务、ERP 等成熟可用的基础服务。此外，如各种社区服务与医疗服务等也可包括在内。在资源库中还应包括各种传感器的外部性能与接口的收集以及相应的传输接口与协议。

（3）工具类。此类主要包括在服务已设计完成后用以保证服务的正确与可靠所必需的一系列工具，如性能分析工具用以保证服务的各阶段运行时间均在设计范围之内，特别是保证系统在高负荷甚至超负荷下的性能保障。模拟执行工具用以验证系统的执行符合原定设计要求。多种系统级或部件级的测试工具用以保证系统或部件运行的正确性。

（4）数据分析类。收集与分析服务软件研发平台的各种运行、调用、各类工具的使用及其用户数据，用大数据方法及时进行分析，以提供平台进一步改进与提高。

我们建议，该研发平台应由一专门机构，采用云技术进行管理与运行。它的任务是尽可能收集国内外研发的已有平台、工具与资源，向服务需求方提供服务。在尊重与保证知识产权条件下，该机构工作人员首先掌握平台或工具的使用方法，以有偿方式向需求者提供服务，做到平台或工具提供方、服务提供机构及购买服务者三者的利益平衡，以及调动各方积极性，做到整体运行的良性循环。这种良好运行机制可能是整个研发平台得以社会化共享与运行的关键所在。

（原文发表于《科技导报》2014 年第 20 期）

袁亮，煤炭勘探学家，中国工程院院士。现任安徽理工大学党委副书记、校长，兼任煤炭开采国家工程技术研究院院长。主要研究方向为煤炭开采及瓦斯治理，煤与瓦斯共采理论。

开展基于人工智能的煤炭精准开采研究，为深地开发提供科技支撑

袁亮

近年来，中国工程院战略研究表明，中国将坚持以煤炭为主体、电力为中心、油气和新能源全面发展的能源战略，2050 年以前以煤炭为主导的能源结构难以改变。中国煤炭资源总量相对丰富，已查明储量 1.3 万亿吨，预测总量 5.57 万亿吨，但是能够满足煤矿安全、技术、经济、环境等综合约束条件以及支撑煤炭科学产能和科学开发的绿色煤炭资源量 0.5 万亿~0.6 万亿吨，只占煤炭预测总量的 10%。若不提高煤炭资源回收率，绿色煤炭资源量仅可开采 40~50 年，未来或将大面积进入非绿色煤炭资源赋存区开采。中国煤层赋存条件差异大，地质构造复杂，开采深度快速向深部延伸，深地煤岩体面临高地应力、高瓦斯、高温、高渗透压，煤与瓦斯突出、冲击地压等动力灾害问题更加严重，大部分煤矿

煤炭开采存在信息化程度不高、用人多、效率低及安全不可靠等问题。不仅如此，煤炭开采还能引起采矿区地表沉陷、水污染、植被破坏等环境问题。

长期以来，中国存在能源资源各自开采现象，相互影响严重。研究发现，多资源共采重大科技问题难以解决，只有开展基于人工智能和多物理场耦合的精准开采研究才能解决当前资源开发所面临的难题，实现煤炭及共伴生资源的协调开发。精准开采是指将不同地质条件的资源开采扰动影响、致灾因素、开采引发生态环境破坏等统筹考虑，时空上准确高效的资源无人（少人）智能开采与灾害防控一体化的未来采矿新模式。需要尽快研究突破的关键技术如下。

一是创新具有透视功能的地球物理科学。将地理空间服务技术、互联网技术、CT扫描技术、虚拟现实（VR）技术等应用到矿山可视化建设上，打造具有透视功能的地球物理科学支撑下的"互联网＋矿山"，对资源赋存进行真实反演，实现断层、陷落柱、矿井水、煤层气等致灾因素的精确定位。

二是智能新型感知与多网融合传输方法与技术装备。研发新型的安全、灵敏、可靠的采场、采动影响区及灾害前兆信息等时空信息采集传感技术装备，找到人机环参数全面采集、共网传输的新方法。

三是动态复杂多场多参量时空信息挖掘分析与融合处理技术。突破多源异构数据融合与知识挖掘难题，创建面向智能精准开采及灾害预警监测数据的共用快速分析模型与算法，创新资源安全开采及灾害预警模式。

四是基于大数据云技术的精准开采理论模型。采用大型物理模拟测试、现场监测、数值仿真"三位一体"手段，在透明地球体的基础上，利用多场耦合模型实现定量、可知可视化（量化的发展可知可视化），为无人精准开采提供理论支撑。

五是多场耦合复合灾害预警。探索具有推理能力及语义一致性多场耦合复合灾害知识库构建方法，建立适用于区域性资源开采条件下的灾害预警云平台。

六是远程可控的少人（无人）精准开采技术与装备。以采煤机记忆切割、液压支架自动跟机及可视化远程监控等为基础，以生产系统智能化控制软件为核心，研发远程可控的无人精准开采技术与装备。

七是基于云技术的智能矿山建设。结合采矿、安全、机电、信息、计算机、互联网等学科，建设基于云技术的智能矿山，把资源开发变成智能工程或车间，实现未来采矿智能化无人安全开采。

可喜的是，在国家科技计划支持下，已开展的研究卓有成效，中国煤矿已有 30 个采煤工作面实现了精准开采，在世界上首次研发成功了无人采煤技术。面向未来，建议政府主管部门更加重视煤炭行业科技创新，以煤炭精准开采引领资源科技未来发展，力争 2020 年精准开采取得阶段性突破，2030 年基本实现精准开采，到 2050 年全面实现精准开采，为深地资源的协调开发提供科技支撑。

（原文发表于《科技导报》2017 年第 20 期）

田昭武，物理化学家，中国科学院院士，第三世界科学院院士。原厦门大学校长。主要研究方向为纳米工艺学、光谱电化学与光电化学、电化学分析新技术等。

电动汽车动力源发展必须
摆脱燃油汽车思维

田昭武

新旧事物各有其核心优势和劣势。新事物如果套用旧事物的传统思维，往往会抹杀自己的技术优势而难于摆脱自身技术劣势。

例如，人们依照传统的思维习惯套用传统燃油车从"单一发动机动力源和加油站方式"，延伸到"电动汽车纯蓄电池动力源和快充电站方式"的思维，其貌似合理的目标即"要求电动汽车增多蓄电池以便纯电续驶300~500千米，而且到快速充电站在几分钟内就完成充电，以免排长队"，产生了当前电动汽车的紧箍咒——里程短、成本高、充电难。于是有人主张不顾高成本和高能耗，一味多载蓄电池以追求纯电续驶300千米以上和更多的政府补贴。但过多的蓄电池导致整车重量、能耗、碳排放都超过燃油汽车。例如，特斯拉电动汽车蓄电池 $85\,kW\cdot h$，重量超过全车的 1/3、价格高、能耗严重超标，新加坡对其开出环保罚单便是一例。如此盲目提高纯电续驶里程显然违背电动汽车节能减排的初衷，但却经常获得媒体片面吹捧。

纯电行驶高里程的思路源于套用燃油汽车"单一动力源"的思维到电动汽车，而把插电式混合电动汽车排除在外。近来更有人进而以高纯电续驶里程的电动汽车碳排放超过燃油汽车为理由，否定一切电动汽车在环保方面的优越性。

 摆脱燃油汽车"单一动力源"的思维，发挥增程式和超电容的优势

各种插电式混合电动汽车之中，增程式电动汽车每年平均节油减排率最好。所用的小燃油机的唯一作用是带动发电机，可在最佳转速下连续工作，输出的功率和扭矩也基本恒定，因而其效率、排放、可靠性等均处在较佳状态，能提高效率而节油 50%。大部分私人轿车只需按每日经常性行程配置蓄电池（约 10 kW·h），降低了整车重量、能耗和成本。每年总里程中只有 20% 里程为非经常性需要而启用能够节油 50% 的增程式发电机模式，其余 80% 里程为节油 100% 的纯电驱动模式，所以增程式电动汽车的每年平均节油率（按节油 50% 和 100% 两种模式的权重平均）可达 90%，缓解环境污染的效果接近纯蓄电池电动汽车，是立足于当前蓄电池水平而破解"续驶里程短"的最佳方案。如果燃料电池经济性改善，能够替代燃油增程发动机，则可成为 100% 节油的全电动汽车。

另一种显著减少车载蓄电池重量的途径，是把电动汽车在启动、加速或制动所必需的动力源短暂高功率需求交给车载超级电容器。超级电容器是高放电倍率及高循环寿命（均比能量型蓄电池高出 2 个数量级）。配置超电容优势有以下 3 个方面：

（1）高功率型蓄电池必须设计非常薄的电极极板和非常细的活性颗粒以减少内阻并保证活性材料利用率。蓄电池的功率要求降低后，可以改用能量型蓄电池，所以比能量提高（可达5成以上）。而且能量型蓄电池每千瓦时的制造成本低于高功率型蓄电池，生产技术远比功率型蓄电池更为成熟，寿命较长、折旧费下降、运行成本降低。且能量型蓄电池功率不高，因而电动车安全性得以提高。

（2）能够更好地回收汽车制动能量，降低市内行驶每千米能耗20%，所需蓄电池能量和重量相应减少。

（3）提高汽车启动、加速、制动和爬坡性能。

增程式发电机、能量型蓄电池和超级电容器三结合动力源降低了电动汽车对蓄电池的依赖度，避免了电池比能量远不如汽油的固有劣势，破解了"里程短、成本高"难题。应该指出，燃油汽车近年也已突破其一贯的"单一动力源"的模式，而向轻混动力汽车发展，以避免其发动机的固有劣势。

2 摆脱燃油汽车"加油站"的思维，发挥电网谷电优势

建立快充电站网络是套用加油站的思维，其问题有：①快充电站投资高、占地多、耗时长，很难与电动汽车保有量同步发展；②给电动汽车快速充电需要短时间强大的功率电力，须建专用充电网络；③快充电严重损害蓄电池寿命。

电网四通八达，优于"加油站网"。全国每夜谷电约可供亿辆电动汽车充电之需。电动汽车回到夜间固定停车位后就与充电桩接上，自动在谷电时段内完成充电，更为方便。

在充电设施配套方面，每一辆电动汽车都要有夜间固定停车位是发展的前提。国务院已对充电设施提出明确方向：以使用者居住地、驻地停车位（基本车位）配建充电设施为主体；允许充电服务企业向用户收

费；在停车位方面，放宽准入，原则上不对泊位数量做下限要求。

利用城市各种零散空地和经济杠杆的巨大潜力，发掘小微停车场，解决电动汽车夜间固定停车位，逐步走向夜间泊车规范化。电网、城市规划、交通等部门，协同解决每辆电动汽车都有夜间固定停车位及充电桩的安装和管理，解除电动汽车"充电难"之忧。可以发展符合中国国情的相关服务业，解决电动汽车用户和充电管理方或停车位管理方的各种利益矛盾。推陈出新的思维，可为克服技术性难题开辟新路，智库和媒体要发挥引领的作用。市区大气污染和雾霾威胁迫在眉睫，汽车大众市场亟待开拓，蓄电池水平亟待提高，但措施一定要立足于当前的技术水平，降低电动汽车对当前蓄电池水平和政府补贴的依赖性，才能保证环境和石油危机与汽车经济转型及时顺利实现，也有利于缓解锂资源的紧张和整合锂电池企业。

（原文发表于《科技导报》2016 年第 22 期）

钱七虎，防护工程专家、地下工程专家，中国工程院院士。现为中国人民解放军陆军工程大学教授。主要研究方向为防护工程、隧道与地下工程、岩石力学的教学与科研工作。

城市交通拥堵、空气污染
以及雨洪内涝的治本之策

钱七虎

　　中国城市交通拥堵、空气雾霾以及雨洪内涝之严重，已成为建设中国环境友好型城市的最强不和谐音符。习近平总书记曾指出，"治理交通拥堵必须标本兼治"。如何寻求治本之策？什么是治本之策？必须在确定治理方针和措施前研究明确。世界发达国家城市治理的历史经验表明，惰政思维、急功近利，只能治标，不能治本。治本必须转变传统思维，要从产生交通拥堵、空气污染以及雨洪内涝的根本原因入手，立足大思路、大手笔，才能产生明显的大效果。

1 科学治理交通拥堵

城市交通拥堵的根本原因是交通需求与交通供给的失衡。治理它必须从科学抑制交通需求和科学提高交通供给两方面入手。目前采用的行政手段限购限行，不是科学抑制交通需求的方法，因为购私家车已是中国社会强劲的消费需求，限购限行不利于依靠消费内需发展经济，不利于城乡交流、发展农业提高农民收入。科学抑制城市交通需求首先要抑制城市规模，为此，一是抑制城市人口，人少车就少；二是限制城市面积，城市大，市民出行不能依靠步行和自行车，必然激发机动交通需求。为此必须大力开发利用地下空间，实现土地的多重利用，建设"紧凑"型城市。如北京，为控制城市规模，必须树立科学的"首善"理念，"首善"是质量，不是数量，城市发展应科学定位，不应追求政治、经济、教育、文化、体育、艺术等所有方面都首善。要学习美国、法国、巴西、南非、韩国等国，把首都仅定位于行政，把其他如立法、司法、经济、文化、体育、高等教育、艺术等分散在其他城市，其城市"减肥"的效果将立竿见影。

科学抑制城市交通需求，还必须实施面向交通的城市规划模式。为此首先要倡导混合用地模式，不搞 CBD、金融街、工业开发区、大学城等单一功能布局，更不能在郊区大建"睡城"，按功能分区必然导致跨区交通出行强度的激增，抑制了居民的出行量与出行距离，也就抑制了交通需求。其次，按照面向交通的城市规模模式，就应逐步实现由轨道交通相联系的城市主中心区与周边副中心区（卫星城）相结合的城市多中心规划布局，以遏制城市主中心区人口密度，同时引导人口与产业和城市功能同时分散至副中心（卫星城），这些卫星城发展独立的产业和经济基础以及较高水平的商业、医疗、教育和文体设施，使居民可以就近择业，不必每天通勤至中心城，让居民可以享受到不远低于主中心区的城市服务。

科学提高交通供给能力，首先是发展大容量快速轨道交通，以抑制私家车的出行强度，但是能否把"治堵"的希望完全寄托于轨道交通的发展上呢？北京轨道交通已建成 400 多千米，但上下班高峰时段地铁上下车拥堵之惨状已令市民谈虎色变，环顾发达国家的特大城市，其轨道交通已相当完善，它们仍困扰于交通拥堵，正纷纷寻找轨道交通以外之良策，以应对小汽车进入家庭、机动交通快速增长之现实。它们把"治堵"目光转向了"地下快速路"和"地下物流系统"的建设，这是因为在城市地面空间已不能拓展交通供给的情况下，唯一的出路在地下。地下快速路的天然优势是全天候通行，在暴风、风雪和大雾等最易造成地面交通拥堵的情况下最能发挥作用。

美国波士顿 1994 年开始拆除高架路，10 年间建成 8~10 车道的城市地下快速路系统；东京正在地下 40 米建设中央环状地下快速线，11 千米的通过池袋、新宿、涩谷 3 大商业中心的新宿线已通车，正在建设品川线；新加坡、吉隆坡、马德里、布里斯班、巴黎、莫斯科等也已建成或正在建设地下快速路交通系统。

地下物流系统就是将城市货运转移至城市地下，从而对治理交通拥堵作出重要贡献。根据世界经济合作组织 2003 年统计，发达国家主要城市的货运占城市交通总量的 10%~15%。而在"世界工厂"和到处是建设工地的中国，其占城市交通总量则相应为 20%~30%。

修建城市地下快速路和地下物流系统非常适合中国人多地少的国情，中国的特大城市，其城市规划土地余量已所剩无几，已步入无地可建路的窘状。

2 科学治理空气雾霾

城市空气污染的根本原因是工业污染和汽车尾气，而后者已超越前

者成为城市 $PM_{2.5}$ 超标的主因。治理工业污染，可以关、停、并、转高能耗、高污染企业，实现"能源转型"与"产业升级"。只要决心大，这在社会主义国家的条件下，是能够而且相对较易实施的。困难的是汽车尾气的治理，无法收集处理数百万辆机动车排出的尾气。

建设地下轨道交通和地下物流系统，其运转工具为电力驱动，从根本上消除了尾气污染。至于地下快速路系统是隧道，其中行驶的机动车尾气易于收集和处理。波士顿和东京地下快速路的经验是：先将尾气污染的空气由引气机引流至处理区（换气站），再通过静电除尘、化学吸附、光催化、等离子等技术去除其烟尘等固体颗粒和使有害成分转化成无害成分，从而排出过滤和处理后的无害气体。

实践与研究表明，城市地下快速路系统以及地下物流系统的建设在解决交通拥堵的同时，必将为消除汽车尾气对城市空气的污染作出决定性贡献：波士顿修建地下快速路后其市区 CO 浓度降低了 12%；东京 11 千米新宿地下线的建成后，每年减少了 3.4 万吨 CO_2 排放，其中，静电除尘装置可以过滤 80% 以上的颗粒物，低溶度脱硝装置可以过滤 90% 以上的 NO_2；东京建设 300 千米地下物流系统的评估报告指出，该地下物流系统建成后，东京市交通能耗减少 18%，NO_x 和 CO_2 浓度将分别减少 10% 和 18%，货运速度提高 24%。

3 治理城市雨洪内涝

中国城市雨洪内涝严重的根本原因在于，一方面客观上地球气候极端异常、暴雨强度和频度增加，另一方面由于城市化快速发展，城市面积快速增大，不透水地面占比极高，排洪系统难以适应。应对地球气候之异常，非一国一时之力所能胜任，我们能做的就是提高城市建设对暴雨雨洪的适应性措施：一方面通过透水铺装建设透水路面和透水地面、下凹式绿地和雨水花园、植草沟等措施尽可能扩大城市透水地面占比，以所谓的建设"海绵城市"来科学抑制城市的排洪需求，另一方面是科学提高城市排水系统的排洪能力。日本应对城市雨洪内涝的经验是在东京、横滨等特大城市修建地下河川和大容量的地下雨水调储池；马来西亚吉隆坡市则修建地下快速路，在特大暴雨情况下，关闭机动车通行，地下快速路充作排泄雨洪的通道；而在一般暴雨情况下，仅地下快速路路面下空间为排洪通道，机动车照常行使。总之，为应对极端气候的暴雨，城市排水系统的排洪能力必须大大增加，而中国城市排水管道的口径几十年一贯制必然会产生城市内涝。

综上所述，治理城市交通拥堵、空气雾霾和雨洪内涝的治本之策是多管齐下、综合治理，而关键是建设城市地下交通和排洪系统，这是一举三得的措施，集治理三大城市病于一役。我相信，通过若干个五年计划持之以恒地建设上述地下系统，不但使人员交通与货物运输转至地下，还包括雨洪、垃圾、污水等的传输都转入地下，使地面上彻底摆脱交通拥堵、$PM_{2.5}$超标和内涝的困扰，而释放出的地上空间用作大片的自然植被和安全的步行，实现习近平总书记所设想的"要依托现有的山水脉络等独特风光，让城市融入大自然，让居民望得见山，看得见水，记得住乡愁"。

（原文发表于《科技导报》2015 年第 12 期）

安芷生，地质学家，中国科学院院士。中国科学院地球环境研究所研究员。主要研究方向为第四纪地质学、大气颗粒物污染与全球变化。

依靠科技进步，加快中国 PM$_{2.5}$ 污染治理与空气质量改善步伐

随着中国经济的快速发展、城市化进程的加快，能源消耗和大气污染物排放总量不断增加，中国空气质量面临严峻挑战。目前，中国空气污染已由传统的总悬浮颗粒物（TSP）、可吸入颗粒物（PM$_{10}$）和 SO$_2$ 污染转向以大气细颗粒物（PM$_{2.5}$）和污染气体（VOCs、O$_3$、NO$_x$）等组成的跨区域、复合型大气污染，其中以 PM$_{2.5}$ 污染问题最为突出。2011年末以来，多次大范围灰霾天气引起了国内外广泛关注。从观测结果和能见度与气溶胶关系的研究发现，雾霾或灰霾现象背后的根本原因是PM$_{2.5}$ 污染及其与大气相互作用的问题。2012 年 2 月，国务院正式发布新的《GB 3095—2012 环境空气质量标准》，其中新增了公众最为关心的 PM$_{2.5}$ 监测指标，使中国成为第一个出台 PM$_{2.5}$ 标准的发展中国家，这

也标志着中国 $PM_{2.5}$ 防控大幕的正式开启。

$PM_{2.5}$ 是指悬浮在大气中空气动力学直径小于或等于 $2.5\,\mu m$ 的颗粒物，由于其粒径小，可以进入人体肺部，被称为细颗粒物、入肺颗粒物或细粒子。$PM_{2.5}$ 可以分为天然来源和人为来源，其中人为活动是其主要来源，包括化石燃料燃烧、工厂排放、道路尘、建筑尘、汽车尾气和生物质燃烧排放等。$PM_{2.5}$ 是一种由多种化学物质组成的混合物，包括无机离子成分、有机物、微量重金属元素、元素碳等，其组成与污染来源、类型及气象条件等密切相关。$PM_{2.5}$ 含有多种消光物质，能强烈地降低能见度，影响大气辐射，与环境和气候变化有关；多为人类生产活动过程产生，与经济和社会发展密不可分；又因其可进入肺部，参与血液循环，可能导致一些疾病，直接影响人体健康。

煤炭是中国的主要能源，在中国能源消费中占比达 65% 以上。以煤为主的能源结构是影响中国大气环境质量的主要因素，是大气 $PM_{2.5}$ 等污染物的重要来源。中国"十三五"能源规划已正式启动，未来能源发展和改革的重点包括能源消费总量控制、煤炭清洁高效利用、大力发展清洁能源、能源体制改革等。因此，我们要从煤炭和石油等燃料的清洁化利用和加大清洁能源和新能源的消费两方面入手实现能源清洁化，改善大气 $PM_{2.5}$ 污染。另一方面，粗放型的经济发展模式也是中国大气 $PM_{2.5}$ 污染严重的重要原因。钢铁、水泥等高能耗、高污染行业在中国经济中占据很大的比重。因此，转变经济发展方式、调整能源消费和产业结构，对于治理中国的大气 $PM_{2.5}$ 污染、促进经济转型发展具有重要意义。

在调整能源消费和产业结构的过程中，还要重视其他 $PM_{2.5}$ 主要污染源的治理和控制。虽然机动车对 $PM_{2.5}$ 的贡献在不同地区存在较大差异（与城市工业水平、人口密度、能源消耗、机动车保有量、机动车运营情况等相关），但其对 $PM_{2.5}$ 的贡献在中国各区域都不容忽视。中国机动车污染控制的关键在于重点加强柴油车和其他高排放车辆的管理和淘汰、机动车污染控制技术的提升、油品的改善、道路的缓堵保畅等。另外，随着科学认识的不断深入，生物质燃烧对区域空气质量的影响日益突出，成为中国继燃煤、工业、机动车和易散性粉尘之外 $PM_{2.5}$ 的另一重要污染源。生物质燃烧是多发事件，具有季节性、周期性等特点，在加强重点时期生物质燃烧污染排放管理外，还需要对生物质秸秆从原料、肥料、饲料、燃料等几个领域加以综合利用，探索减少秸秆焚烧、充分利用秸秆的新途径。

同时，我们还要清晰的认识到中国大气污染的复合性，认识到中国大部分地区的 $PM_{2.5}$ 是由人类活动和自然排放的气态和颗粒态一次污染物及由气态前体物（如 VOCs 等）和一次颗粒物通过化学反应生成的二次污染物共同存在、相互作用引起的。在治理 $PM_{2.5}$ 的同时，要重视其中二次形成污染物的贡献，开展多种污染物协同控制；要前瞻性地考虑 O_3 和 VOCs 等问题，重视机动车和工业尾气的脱硝及农业和畜牧业等排放的氨气对 $PM_{2.5}$ 的影响。

总之，要解决中国 $PM_{2.5}$ 污染问题是一项系统工程，有必要加强科学研究、政府决策和工业减排这三方力量的通力合作。即加强科学研究，提高科学认知水平，进而不断更新与发展新治污技术，支撑治污难题，协助政府制定管理政策，认识到加强立法和严格执法是保障环境空气质量目标实现的主要手段。要科学地进行多手段、多区域空气污染防控，首先要有彻底改善空气质量的决心和信心，又要充分认识 $PM_{2.5}$ 污染治理工作的艰巨性、长期性和复杂性，耐心地做好防治工作长期性和分阶段实施的布局和打算。欧美等发达国家经过近半个世纪多的大气颗粒物污染治理，空气质量得到了显著改善。我们应多吸收学习发达国家治理 $PM_{2.5}$ 污染的经验，鼓励公众参与，相信通过长期与短期相结合、治标与治本相结合、重点治理与区域联动相结合，不仅在短期能够有所见效，也为环境质量的长期改善奠定基础。

随着中国经济快速增长、能源消耗的持续增加、汽车保有量的快速上升，这些都决定了 $PM_{2.5}$ 将是中国较长一段时间内的重要空气污染物。

据估计，中国大多数城市如要达到现行规定的 $PM_{2.5}$ 标准约需要 10~20 年时间，因此，亟待加强 $PM_{2.5}$ 的高水平研发工作来科学指导大气污染防治工作，全国上下同心协力，将有限的资源、有限的经费用在刀刃上，切实快速推动中国 $PM_{2.5}$ 污染的有效治理，长效稳步改善空气质量。

（原文发表于《科技导报》2015 年第 6 期）

侯立安，环境工程专家，中国工程院院士。现任解放军第二炮兵工程大学教授，第二炮兵后勤科学技术研究所所长等职。主要研究方向为环境工程领域的科学研究、工程设计和技术管理工作。

加大高技术研发力度，
多举措缓解水资源危机

侯立安

　　对于人类社会的发展而言，水既是必不可少的自然资源，也是重要的社会资源。在过去的近半个世纪，人类生活方式的转变、社会经济的快速发展、自然气候的变化所导致的水资源短缺和水环境污染引发了严重的水资源危机，并正在取代石油危机而成为全世界范围的主要问题。同时，水资源危机也是现阶段人类社会发展所面临的重要议题。

　　为了应对越来越突出的水资源危机问题，世界各国对于水资源问题的关注也在不断加强。美国自20世纪50年代就将水资源管理的重点由水利工程转变为水资源的节约与保护，积极推广和发展节水技术，在过去的30年里，收到了巨大的成效：虽然其经济总量增长了近4倍，人口增长了约34%，但其用水总量基本保持了零增长。欧盟则于2000年颁布和实施了以流域管理为核心的《欧盟水框架指令》，在该指令的指导下，水资源保护取得了显著成效，为了进一步应对一些新的挑战和不确定因素，又于 2012 年再次发布了《欧洲水资源保护蓝图》报告，就框架指令实施中存在的问题提出了可能的解决方案。2003 年联合国首次发布了《联合国水资源开发报告》，2014 年 3 月发布了最新的《2014 年度联合国水资源开发报告》，并首次改为年报形式进行编撰，试图利用典型案例来帮助世界各国加强水资源和能源发展的综合管理，减轻经济增长与水资源消耗间的依赖关系，提高经济发展的可持续性。

中国的水资源总量约为 2.8×10^{12} 立方米，人均水资源量为 2185 立方米，仅为世界人均水平的 28%。由于过去工业的粗放发展模式，使得单位水资源产出水平较低，水环境污染较为严重；此外，中国自然的水资源还存在着时空分布不均、与生产力布局不相匹配、发展需求与水资源条件之间的矛盾突出等现象，水资源危机较欧美等发达国家更为严峻。为了应对水资源危机，中国也采取了一系列的举措。

1988 年，新中国第一部规范水事活动的基本法——《中华人民共和国水法》的颁布，标志着中国水利建设与管理步入了法制轨道。这部法律的实施对规范水资源开发利用、保护、加强管理、防治水害、促进水利事业的发展发挥了积极的作用。

从 1997 年开始又先后发布了《中国水资源统计公报》《清洁水行动计划》等指导性的水资源保护文件，对水资源量、蓄水动态、供用水量、用水指标、江河湖库水质等进行统计，引导建立节水型社会，取得了明显的成效。在"十一五""十二五"期间围绕重点流域的治理与修复设立了"水体污染控制与治理重大专项"，通过在重点流域开展综合示范，使得示范流域水环境质量提高一个等级并消除劣 V 类，基本建立流域水污染治理和水环境管理技术体系。

2015 年 4 月，又正式颁布了《水污染防治行动计划》（"水十条"），这对城市污水处理设施和出水水质提出更高要求，同时强调重视未来水处理中的模式创新。

随着中国城镇化步伐正以前所未有的速度向前迈进，相应的水资源需求和水环境保护也将面临前所未有的压力；同时，"大力推进生态文明建设"的战略决策也对水资源和水环境保护提出了更高的要求，而目前的水资源状况有可能会成为中国城镇化发展和生态文明建设的约束条件。因此，需要加大新技术的研发力度，提高水利用率、削减废水排放量、利用好非常规水源，同时加强水源保护，增强节水意识，多渠道着手来缓解水资源危机。

（1）在传统工业生产中，加快清洁生产技术的开发，提高产能与水资源消耗比和水资源的利用率；在污染现象相对较突出的化工行业，加大原子经济性反应技术的研发投入，真正实现绿色化工，减少废水排放；在农业生产中，发展和推广滴灌、覆膜灌、痕灌等先进灌溉技术，实现节水增产。

（2）对现有的污水处理技术进行升级改造，通过不同技术的集成创新，使污水处理与能源、资源回收有机结合：在出生水质满足循环利用的同时，大幅提高污水处理厂的能源自给率，回收有价值物质，达到物质合理循环利用的目标。

（3）针对雨水、海水、微污染水等非常规水源，开发以膜技术等为核心的组合工艺，拓展水资源范围；同时在新型城镇化建设过程中，注重"海绵城市"等新理念的落实，最大限度地利用非常规水源。

（4）为了保护和利用好水资源，确保供水安全，应该借鉴国际上一些通行的做法，进一步严格立法，管制土地的应用、征用，迁徙非法住户和防止污染；借助新环保法的实施，切实强化水源地管理，减少水源污染事件的发生。

（5）采取行政推动、经济手段和提高全民意识相结合的方法促进节水：强制安装节水设施和装置，实行阶梯水价，鼓励民众以"复式用水"取代"单一用水"方式，养成节约用水的生活习惯。

总之，虽然中国在缓解水资源危机方面做出了巨大努力，也取得了明显的成效，但由于中国正处在快速发展期，影响水资源的不确定和不可控因素多，缓解水资源危机仍旧任重道远。相信通过顶层设计来强化管理，开发新技术、推动其大规模应用，提高民众的节水、护水意识，水资源危机问题一定会得到有效的缓解。

（原文发表于《科技导报》2015 年第 14 期）

孙宝国，香料和食品化学专家，中国工程院院士。现任北京工商大学校长，中国工程院环境与轻纺工程学部副主任。主要研究方向为食品风味化学。

正确认识食品添加剂，
促进食品产业健康发展

目前，中国人对食品添加剂的恐惧和反感仍然是一个普遍性的问题，问题的原因很复杂，主要有三个方面。一是普通大众以前并不知道有食品添加剂这个词。尽管中国使用食品添加剂历史悠久，卤水、明矾、红曲等食品添加剂都有上千年的使用历史，但在 2000 年以前，中文的词典里并没有"食品添加剂"这个词，一些人视食品添加剂为洪水猛兽很大程度源于概念不清和相关知识的缺失。二是食品添加剂替非法添加物背了黑锅。添加剂不等于食品添加剂。三聚氰胺是塑料添加剂、涂料添加剂、水泥添加剂，但不是食品添加剂。在任何食品中添加三聚氰胺都是一种违法犯罪行为。迄今为止，中国涉及食品添加剂的食品安全事件都是人之过，非食品添加剂之过。对在食品中使用非法添加物和滥用食品添加剂的违法犯罪行为必须严厉打击。三是舆论误导。这是当前造成公众对食品添加剂误解和恐慌的最主要原因。误导的源头恰是食品添加剂的使用者——食品企业。有的企业一边在食品中使用食品添加剂，一边把"无添加""不添加""零添加"作为噱头，在食品标签上醒目标示类似"不添加防腐剂、不含人工色素、不含人工香料""不加香精、不加防腐剂、色素""不含人工糖精"等字样；还有的企业在各种媒体上做"没有添加剂""不添加""不加！不加！就不加"等广告。这种现象大有愈演愈烈之势，导致一些消费者误认为有食品添加剂的食品就会有安全问题，标有"不添加""无添加"的食品就是安全的。长此下去，公众对食品添加剂和食品安全的误解会越来越深，食品安全感会越来越差，对美好生活的幸福感会受到极大伤害，也将严重影响中国食品产业的健康稳定发展和国际竞争力的提升。

习近平总书记在党的十九大报告中指出：要"实施食品安全战略，让人民吃得放心"。李克强总理在第十三届全国人民代表大会上所作的政府工作报告中强调：在食品安全方面，群众还有不少不满意的地方；要创新食品监管方式，让消费者买得放心，吃得安全。当前，中国食品安全总体形势平稳，持续稳中向好。但是，存在的突出问题之一是人们"不放心"！人民群众对中国食品安全的信心并没有完全恢复，食品安全感依然不强，三聚氰胺造成的阴影并没有散去，青睐国外品牌的婴幼儿配方奶粉就是一个例子。

在一些疑似食品安全问题中，许多人最放心不下的是食品添加剂，一些人甚至"谈添色变"，青睐标示"无添加""不添加"的食品。食品安全对人民群众心理健康的伤害不亚于对身体健康的危害。"让人民吃得放心"任重道远。

其实，食品添加剂对食品安全提供的是"正能量"。"食品添加剂指为改善食品品质和色、香、味，以及为防腐、保鲜和加工工艺的需要而加入食品中的人工合成或者天然物质"。食品添加剂在保障食品安全、提升食品质量和健康水平方面发挥着重要作用。食品添加剂的初心是改善食品品质，提升食品质量和安全保障水平，促进食品产业的创新发展。没有食品添加剂就没有现代食品产业，没有食品添加剂也不可能有食品安全。

当今世界，食品添加剂已经在各类食品中广泛使用。例如二氧化碳是啤酒、汽水、可乐等饮料的防腐剂；口香糖中添加的木糖醇是甜味剂，有各种口味是因为加了不同的食品香精，最后吐出来的主要是胶姆糖基础剂，也是一种食品添加剂；做馒头、面包用的双效泡打粉是复合膨松剂；就连中国父母格外关心的婴幼儿配方奶粉也离不开食品添加剂。

没有食品添加剂就没有现代食品产业，未来食品添加剂将与食品产业同步发展。天然食品添加剂已成为发展的重要方向，落后的食品添加剂品种会不断被淘汰，先进的食品添加剂品种会增加，食品添加剂相关法规将不断完善，法律、法规和标准中也会对"不添加""不使用"等做出规范。食品添加剂必将使未来食品更安全、更美味。

（原文发表于《科技导报》2018 年第 23 期）

刘旭，植物种质资源学家，中国工程院院士。曾任中国工程院党组成员、副院长、机关党委书记，中国农业科学院党组成员、副院长。主要研究方向为作物种质资源。

大力发展植物工厂产业
推进中国现代农业进程

当今世界，人口不断增长、农产品需求数量逐年增加，而农业资源总量却持续减少，环境污染日益严重，气候灾害频繁发生，农田生态系统生产性能及其稳定性降低且难以保障，这对国家粮食安全、食物安全及农产品可持续供给构成严重挑战。因此，如何增加中国农产品及食物产能，保障食物安全成为中国未来必需面临和解决的现实问题。

根据联合国粮农组织（FAO）预测，到2050年全球人口将达95亿，食物需求将增加70%以上，而人均耕地、水资源和养分资源等仍在不断下降，农业从业人口老龄化趋势也日渐突出。如何利用有限农业资源生产出丰裕、优质的农产品来满足人们日益增长的社会需求，已经成为世界各国尤其是农业资源紧缺国家面临的最为严峻的课题。

发展现代农业是协同解决人口、资源和环境问题，满足人类日益增长的物质需求的有效途径之一。农业是依靠动物、植物和微生物自然生长发育功能和繁育机能来达到规模化生产农产品目的的生物生产方式。近几十年，中国的农业逐步经历了由传统农业向设施农业的转变，正向着现代农业的方向转变，在此转变过程中农业生产环境要素的管控水平逐步提高，农产品生产的工厂化程度大幅增加。传统农业（以种植业为例），几乎完全依靠自然资源进行生产，人为干预程度很小，仅能通过施肥、灌溉和耕作等农艺手段调控根际环境，地上部环境无法进行有效调控，也无法实现周年生产。设施农业阶段人们可通过温室等设施实现初步的温度、养分、光照、二氧化碳浓度等环境因子的调控，控制植物生长发育和产量品质，初步使农业摆脱了自然条件，具备了周年生产的能力。通常，随着设施内环境因子控制精度的提高，设施园艺生产过程受到自然环境影响的程度降低，集约化程度增加，生产效能和系统稳定性提高。发展设施农业不仅能提供反季节园艺产品（蔬菜、水果、花卉、药用植物、食用菌等），而且在保障国家食物安全，强化植物固碳减排，提高农业资源利用效率，减缓农业环境污染，抵御自然灾害的农业负效应方面具有重要的战略意义和实用价值。设施农业是集生物技术、栽培技术、农业工程和环境控制技术等于一体的技术密集型农业生产形式，是现代农业的重要组成部分。现代农业作为现代工业、现代科学技术和科学管理方法装备起来的农业，是农业未来发展的必然趋势，可实现生产全过程各因素可控管理，达到按需生产的目标。现代农业发展的目标是实现"高产、高效、优质、生态、安全"生产。设施农业的产业化发展为现代农业的发展奠定了坚实的基础。

资源高效利用型植物工厂作为现代农业的重要形式，被认为是解决上述问题的具体途径之一。植物工厂是指通过计算机对设施内环境因子实施高精度控制（温度、湿度、二氧化碳浓度、气流、光照和营养液组分等），实现作物周年、立体连续生产的高效农业系统，是不受或很少受自然条件制约的省力型生产方式。植物工厂按光照来源可分为人工光植物工厂和太阳光植物工厂2种。植物工厂作为环境因子控制精度最高的设施园艺类型，被誉为设施园艺的最高形式，是未来设施园艺发展的必然趋势和顶级阶段，是现代农业发展的重要形式，在解决世界资源、环境问题，促进农业可持续发展上具有重要价值。

中国是设施园艺大国，设施栽培面积已接近400万公顷，居世界首位。植物工厂具有环境因子可控，受地理、气候等自然因素影响小，可按计划进行生产，作物生长周期短、速度快、污染少，工厂化立体多层栽培，土地利用率和作物产量可达露地生产的数倍甚至是几十倍等优势特征，符合现代农业发展的本质要求。同时，植物工厂以其舒适的工作环境和工业化的生产方式可吸引大批有知识的年轻人从事农业生产。因此，植物工厂将是未来解决人口增长、资源紧缺、新生代劳动力不足、食物需求不断上升等问题的重要手段，受到世界各国的广泛关注。数据表明，荷兰、日本、韩国等国家已将植物工厂研发与应用列为重要领域，加紧技术突破和应用示范。中国从发达国家引入植物工厂技术，经过十余年发展，已经形成具有中国特色的植物工厂技术模式，取得了可喜的研究成果。2013年，科技部启动了"十二五"规划的863项目"智能化植物工厂生产技术研究"实施工作，充分体现了国家层面对植物工厂产业发展的重视和战略需求。

中国人均资源极度匮乏，随着人口增长和食物需求的不断上升，农副产品供给与需求的矛盾日益突出。植物工厂将是解决这一矛盾的众多选项中极为重要一项，受到中国政府和各级部门的高度重视。据不完全统计，近5年来中国已经发展各类植物工厂70余座，是世界上植物工厂发展最快的国家之一。同时，中国在植物工厂的关键技术领域也取得了重要突破，植物LED节能光源、光温耦合节能环境控制、营养液立体栽培与蔬菜品质调控以及基于物联网的智能化管控等技术已经进入世界先进行列。

（原文发表于《科技导报》2014年第10期）

张金哲，中国小儿外科专家，中国工程院院士。现任首都医科大学附属北京儿童医院小儿外科教授、特级主任医师。主要研究方向为小儿感染、创伤、急腹症等。

临床医学需要适当宽松的环境

张金哲

人类认识自然，从感官的直接感触开始，逐步深入、演化。传说中的"神农尝百草"，就是凭借感官接触的治病经验的积累。而真正经过总结得出可展示、可重复的规律，应该说从张仲景到李时珍的不断积累、考验、研究、发展，才形成现代的中国医学科学。这是经过长时间、千百次考验而来的"经验科学"，是千年来不断研究总结的结晶。

西方文艺复兴以后，允许尸体解剖，允许开展动物实验，医学科学发展得以迅速提高、深入。至今不过二三百年，病人的心、肺、肝、肠都能实现人工移植。然而，现代医学取得的辉煌成就并不是一蹴而就，须先有感性的"发现问题"，再经过小量的"经验"思考，才能发展到尸体解剖和动物实验研究，形成现代"实验科学"。

1 开创小儿外科的经历

1950 年，笔者 30 岁，在北京大学附属医院（现习惯称"北大医院"）正式挂牌开创小儿外科。那时周围的老师都未学过小儿外科，医院也没有小儿外科相关的设备和器械，同时在技术上又受到国际封锁。当时，仅有的条件是北京大学医院儿科主任秦振庭教授从美国带来的《小儿腹部外科学》一书和北大医院儿科病房的 5 张病床。不过，那时特殊的有利条件是：北京的医院允许家长委托处理尸体，允许医生个人利用食堂剩饭喂养野狗做实验。

为了改造适应各年龄小儿手术所需的器械，笔者在自家卧室里自费装了一个小台钳和一些小工具，能自做木工、钳工、电工以及吹玻璃管等简单修理工作。每开展一个新年龄段手术，都要先做一份尸体手术报告以证明该年龄的手术解剖可行，并做一份动物实验报告以证明术后生理影响可接受，此外，还要把改造过的手术器械性能现场展示。儿科专家诸福棠以及外科专家吴英恺、吴阶平等，根据这些报告再对手术进行指导，甚至亲自上手术台协助开展他们也不熟悉的新工作。

笔者的目标不仅是发展北京儿童医院小儿外科，也希望在全中国普遍开展小儿外科。但是，当时设备与技术条件都不具备。为了帮助进修医生开展工作，想办法研究了一些"土办法"：基加局（先用基础麻醉使患儿睡眠，再注射局麻做手术）、扎头皮（利用婴儿头皮小静脉，保持稳定的静脉输血输液通道）以及摸肚皮（双手摸查相应的两个部位对比，可以诊断哭闹的婴儿病灶点）等。这在当时被进修医生戏称"北京三绝"，这些都是无需特殊设备或高难技术就能开展的小儿外科技术。

20 世纪 90 年代后，北京市内不允许焚烧尸体，不许私养实验动物，不允许使用不经国家批准的医疗器械。同时，五金杂货市场取消零售。

简单的零件，比如钉子、金属板、金属丝、焊药等，市场都不供应。笔者的"小作坊"因物资断绝基本关闭。

 临床医学创新需要给青年一线医生宽松的环境

医学的特点是生命无价，比较明显的表现是医学相关的器械即使价格再高，也有人买。所以，商家可以赚取高额利润。然而，小儿外科的特点是：用量不多、型号繁杂，不适于大批量生产，市场利润不高，工厂也无兴趣。因此，小儿外科更需要宽松的环境。此外，医学评审委员多数是对新项目不熟悉的老科学家，作风严谨。面对年轻人的设想，若没有可靠的预实验结果，不敢轻易同意试用。然而，创新是"干"出来的，年轻人是工作在第一线的实干群体，宽松的创新环境对于他们非常必要。例如，鼓励青年与医院修理技工交朋友，亲自参加修理器械，这不仅更有利于医学器械的研发，还有利于年轻人医学水平的提高。白求恩曾说："作为一个外科医生，不能单会医疗技术，还要会当木工、铁工、缝纫工，要自己动手学会修理医疗器械，只有这样，才能胜任外科医生的工作需要。"遗憾的是，这种动手精神尚未被中国医学学者推广接受。有的大学及研究机构虽有专设科研服务部，但都是面对专题研究。临床医学更需要创新服务这样的机构。

历史不能倒退，但能借鉴。在新的历史条件下，我们应当有新作为，多给临床医学一些适当宽松的环境，共同致力于临床医学的发展。

（原文发表于《科技导报》2018 年第 18 期）

杨雄里，神经生物学家，中国科学院院士，发展中国家科学院院士。现为复旦大学脑科学研究院教授。主要研究方向为神经科学研究、应用免疫组化、膜片钳、细胞内记录、钙成像等多学科技术。

对中国脑科学研究的思考

杨雄里

对脑（神经系统）的研究正在掀起新的热潮。美国的"脑计划"（Brain Research through Advancing Innovative Neurotechnologies，BRAIN），即最初提出的"脑活动图谱"（Brain Activity Mapping）项目的延伸和欧盟委员会启动的"人脑计划"（Human Brain Project，HBP），反映了国际社会对脑科学及相关学科研究的高度重视。

脑科学研究的终极目标是阐明脑和神经系统的工作原理和机制，这通常被认为是自然科学的"最后疆域"，它所蕴含的科学意义以及对人类社会发展的推动作用日益深刻地为人们所认识。以脑和神经系统为研究目标的统一学科——神经科学，自20世纪60年代初诞生以来，已成为生命科学乃至所有自然科学中，发展最为迅速的领域之一，引起了科学界和各国政府的高度关注。美国国会把20世纪90年代命名为"脑的10

年"，大力加强对脑科学研究的支持和科学传播。这一行动得到了许多国家的响应，日本"脑科学时代"的庞大计划随即应运而生。中国神经科学家们，以不遑多让的历史使命感，大力呼吁加强我国脑科学研究，得到了政府积极的回应，"攀登计划""973"项目中有关脑研究项目的设立即是明证。20年来，这一领域新的成果不断涌现，新的发现接踵而至，人们对脑的认识早已非往昔可比！

科学家们在系统和通路水平上对脑的研究走过了漫长的历程，在此基础上，既由于学科本身发展使然，也由于细胞生物学、分子生物学的崛起。从20世纪50年代后期开始，在细胞和分子水平上对脑的研究已形成最重要的发展趋势，产生了许多重大的研究成果，根本上改变了人们对脑的工作原理及机制的认识；对病理条件下的脑结构和功能的变化，也有了更深入的了解，科学家们正在全力推进这方面的研究。

在细胞、分子水平研究形成巨大洪流的同时，人们也逐渐认识到，这种研究从本质上而言是还原论式的研究，对认识脑的活动有其固有的局限性。于是，在无创伤条件下检测活体脑内各分区神经元的活动（应用成像技术——正电子发射断层扫描术、功能磁共振成像技术等），逐渐形成脑研究的另一重要发展趋势。

以上两方面的研究已取得了巨大的成功，但是两者之间还存在着显而易见的巨大鸿沟，即对于实施产生知觉、认知、思维等高级功能涉及数千乃至上百万神经元活动的监测，仍然缺少有效的技术手段；也因此尚未积累充分的数据，并进行细致的分析。以此为契机，大力发展新的技术，特别是具有更高时间、空间分辨力的新的成像技术，从而有可能探索神经元集群的功能状态及动态变化，了解不同脑区间的功能连接，切实弥补目前脑研究中的鸿沟，是当前脑科学研究的一个新的生长点。

沿着这些方面所取得的研究成果，无疑对脑高级复杂功能（认知、学习、思维、情绪、意识）的认识有重大的推动，也有助于进一步了解有神经、精神疾患时大脑活动的异常，并提出更有针对性的治疗对策。在此过程中，脑研究将与信息技术及其他工程技术紧密结合，相互促进。

但是，我们需要充分认识到问题的复杂性。首先，对脑的高级功能研究，特别是高级认知功能的研究，有其固有的复杂性。脑的功能是一种涉及大群神经元活动以及相互作用的动态过程，这种过程会因内外环境的变化呈现出极其复杂的、多维度的改变，这种变化所导致的后果便是：脑活动的不确定性和难以重复（例如，几乎无法在相同的物理环境中重复同样的梦境）。这意味着脑高级活动（精神活动）遵循的规律并不完全与物质世界运动的规律相同，需要探索新的规律。脑研究的另一个复杂性是神经系统结构和功能不是一成不变的，会随着环境、刺激等状态而发生可塑性变化。总之，神经系统是一个不同于一般物理、化学系统，甚至一般生物学系统的特殊的系统。其次，开发上述新的技术也并非易事，有待时日，而对通过这些新技术获得的海量数据的分析更是一个艰巨的任务。因此，探索脑的奥秘是一个漫长的征程，不可能期待一蹴而就，我们对此需要有充分的思想准备。

面对这样的形势，我们应该如何筹划中国的脑科学计划？考虑到神经科学的发展趋势和国家的需求，以及已有的工作基础，笔者认为中国脑科学研究应涵盖以下三个方面：①脑的工作原理和机制；②脑功能障碍和脑疾病发生、发展的机制；③脑科学相关新技术研发，以及脑科学与信息科学、工程技术、人工智能等学科的互动。脑的工作原理和机制是脑科学的基础性问题，包括神经系统活动的基本过程（神经信号的传递、编码、整合的分子和细胞机制，神经网络的基本特征分析等）；脑发育、可塑性、重建与认知和智力发展的关系及其神经基础。脑疾病的研究则涉及神经系统退行性疾病（阿尔茨海默病和帕金森病等），脑发育异常相关疾病及其他神经、精神疾病。对于推进脑研究，新技术研发是必不可少的，这些技术包括神经元标记和大范围神经网络中神经环路示踪和结构功能成像，大范围神经网络活动的同步检测、分析和操控技术等。

在脑科学进展过程中，将与信息科学、工程技术、人工智能等学科进行广泛的互动，其中包括大范围神经网络的动力学、信息加工及仿真，以及脑—机接口相关技术的发展等。

（原文发表于《科技导报》2013 年第 35 期）

程天民，防原医学与病理学家，中国工程院院士。曾任第三军医大学校长、国务院学位委员会学科评议组成员。主要研究方向为核武器损伤及其防护、创伤战伤病理学、军事预防医学等。

加强医学防护是确保国家
核安全的重要方面

程天民

　　核能是人类的伟大发现。蕴藏在原子核内的巨大能量是既能造福又能危害人类的一把锐利的双刃剑。核能的有利或不利，很大程度上取决于人类对它的认识水平、控制能力和运用手段。发展核事业，确保核安全成为全球的共同责任，成为各国特别关注的一个焦点。正如习近平主席在2013年海牙第三届核安全峰会上提出的——"发展和安全并重，确保核安全为前提发展核事业"。

　　核能对人类可能造成的伤害主要包括核武器伤害、核事故伤害、核恐怖伤害、核次生伤害和核心理伤害。我们的任务就是要强化核防卫，防控核事件，加强核防护，医治核伤害，消缓核恐慌，为发展核事业、确保核安全创造前提和条件。

确保核安全首先要充分认识和判估面临的挑战和困难，主要包括：①核大战不会爆发，但不能完全排除未来战争使用核武器的可能性。核武器的小型化（体积小、重量轻、威力大、射程远）降低了使用核武器的门槛。②全球目前有 30 多个国家建有核电站，发电量占全球发电总量的 16%。为开发能源、维护生态，发展核电也是中国的战略选择，这就增加了防止事故确保安全的重任。③现代恐怖袭击主要使用炸药爆炸，但以核化生为手段的恐怖袭击已成为现实，且可能日益严重。④中国有 6 万多家放射工作单位、30 多万放射工作人员、200 余家辐射加工机构，这些数字还会增加。维护这些人员本身的安全，确保核与辐射装置的安全运行，任务也很繁重。⑤一旦发生核袭击或其他核事件，所引发的伤害特别是放射损伤与放射复合伤的救治是世界性难题。中国对此进行了大量研究，救治水平不断提高，但目前还限于对重度和重度以下伤情都能治愈，对极重度伤情尚只能延长生存时间，对骨髓造血恢复以后出现的多器官损害，特别是肺纤维化等问题远未解决。⑥平时核事件所造成的伤害人数远少于肿瘤、创伤、心脑血管病等多发伤病的伤害人数，但引发的社会以至国内外影响和后续效应却广泛而持续。

分析国际军事态势、核损毁作用和核安全需求，必须采取多层次的综合防御防卫和防护。①战略性防护：拥有强大实力，敌方不敢进犯袭击；建立和谐安全稳定社会；军民协同全民动员；推动国际合作反恐。②战术性防护：进行有效反击；建立防控防护和救援组织体系；制订应对预案和落实措施。③技术性防护：为军事打击、有效防控、救治伤害提供技术支撑和保障。医学防护具有战略战术性意义，而又是技术性防护的重要方面，是医疗卫生战线的主要任务。高水平高效能的医学防护，对一旦发生核袭击和核事件的伤害救治、后果处置、安定民心、稳定社会，都有重要的不可替代的作用。

医学防护主要包括学术技术领域、卫生勤务领域和卫生装备领域，三者密切结合协同，形成医学防护、综合卫勤保障能力。其中，技术是医学防护救治伤害的基础，而技术只有在卫勤组织指挥下才能更好发挥作用；卫生装备包括药材，则是实施和完成医学防护的保障。

关于学术技术领域：①基础和应用基础研究，阐明伤害机制，掌握发生规律，指导防治实践；②应用与发展研究，特别是充分运用现代生物技术和生物医学工程等技术，为侦（侦查）、检（检测）、消（洗消）、防（预防）、诊（诊断）、治（治疗）提供新的思路、途径、技术和药物。其中，快速侦检诊断的技术，有效安全的抗辐射药物和对放射损伤、放射复合伤的救治技术，尤为重要。对大剂量极重度以上伤情的救治和对小剂量效应的确认这两方面，则是技术方面的难题。

关于卫生勤务领域，必须在党政军统一指挥协调下，实施勤务组织指挥：①依据中华人民共和国《国防法》《国防动员法》《卫生资源动员法》，谋划和实施医学救援，确立和实行军民结合、平战结合、寓战于平、平急转战的体制机制，建立全国性和区域性核事件医学应急救援体系，确保人员、组织、技术、药械、装备的落实；②组织现场处置和对突发成批伤患的救治，进行现场急救抢救、自救互救、医疗后送、早期救治和医院治疗；③平时注重科普教育，一旦发生事件，及时正确宣教引导，对心理效应进行疏导和干预，防止类似抢购碘盐、公众逃离等群发事件。其中新闻媒体也要发挥重要作用，要科学宣传报道，不要渲染添乱。

关于卫勤装备领域：①形成系列，提高整体保障能力，适应不同环境、不同伤害，对个体和群体的救治；②多功能、模块化，提高应急机动能力（如机动医疗单元）；③智能化、信息化，提高卫勤保障效能；④专用与通用相结合，救援需要应用大量通用装备和药物，同时要建立和完善专用装备药材，适应救治放射等特殊伤害的需要；⑤在重要地区选定一些医院建立核伤害救治机构，设置专门病区病房，平时训练有素，从事通常医疗任务，一旦需求立即转入特殊救治。

对防控核事件，救治核伤害，务必做到有备无患，宁可备而不用，不能用而无备。医疗卫生战线务必提高医学防护能力，为中国确保核安全、发展核事业担当职业专业的重任。

（原文发表于《科技导报》2014 年第 27 期）

闻玉梅，医学微生物学家，中国工程院院士。现任治疗型疫苗国家工程实验室主任，教育部、卫生部医学分子病毒学实验室学术委员会委员。主要研究方向为乙型肝炎病毒的分子生物学与免疫学。

"医老"可显著缓解老龄化的
压力与负担

闻玉梅

中国的人口老龄化问题正在加剧。民政部公布的《2016年社会服务发展统计公报》显示，截至2016年年底，中国60周岁以上老年人口已达2.3亿，占总人口的16.7%。另据预测，到2035年中国老年人口将达到3亿；到2050年，老年人口总量将超过4亿，达到总人口的30%以上。

中国人口老龄化与其他国家相比，有以下主要特点：第一，增长速度快、人口老龄化提前达到高峰；第二，在社会经济不太发达的状态下进入人口老龄化，即"未富先老"，经济实力不强为解决老龄化问题增加了难度；第三，老龄人口基数大，在多重压力下迎来人口老龄化阶段。老年群体的疾病具有慢性病多、病程长和难以治愈等特点。据不完全统计，2014年，约有10%的65岁以上老人耗费了近30%的医疗总费用。

健康老龄化是老龄化社会和谐与稳定发展的重要基石。全面、正确地认识并实施健康老龄化方针，是国家保持可持续发展、促进人民生活美好幸福的必要途径。没有健康，老龄化社会将是国家发展的沉重负担，是老年群体享受生活乐趣的最大障碍，也是广大家庭经济困难的主要根源之一。虽然中国对"养老"及"医养结合"制定与实施了多项对策，但是在老龄化社会中，"医老"与"养老"是有区别、有分工但又密切联系、不可或缺的"两只手"，但尚未受到足够重视。

"医老"的定义是：为实现健康老龄化而建立的综合、主动、科学的医学系统工程，目标是高效地服务老龄群体。在中国，"医老"是指根据中国实际情况，建立并发展具有中国特色的新型老年医学管理服务体系与老年医学学术体系，实现以较少的经济投入获得较大的社会效益的目标，为国家解忧，为人民谋福。

目前，因存在以下误区而忽视了"医老"的重要性。

误区1：认为"医老"已融合在"养老"之中。其错误在于没有认识到"医老"是根据中国的老龄化社会特点及需求而构建的、有独立特色的一项系统工程，不能简单视为养老事业的附加品。如果仅在养老机构中设立简易门诊或雇用有一定技术的护理人员，那么随着社会老龄化的加速，只会不断增加政府及社会的负担，难以从源头上解决问题。

误区2：认为"医老"就是为老年患者看病及健康服务问题。随着老龄群体规模的扩大、医疗技术的更新，医疗费用将不断快速飙升，如果没有一项通过"医老"主动计划而建立的完整的老年疾病谱分析、预防、早诊、早治、防止并发症及康复以及护理体系，仅是被动地应付，将会陷入越来越被动的处境。

误区3：认为在部分医院内设立了老年医学科，已涵盖并满足了老年群体的医疗需求。老年群体的疾病有其自身特点，表现为数种疾病同时存在，而且容易发生并发症。因此需要一套完整的医学体系作为保障，如老年医学应包括老年生理学、老年病理学、老年药理学、老年预防医学及老年临床医学等。

误区4:"医老"存在的主要问题是低端护理员不够。这一"近视眼"型的认识完全忽视了"医老"在需要护理员的同时,更急需高端科研、临床、预防及研发现代化医学器械等的各类人才。只有有序地发展老年医学学科,建立好培养人才、留住人才的制度,优化现有的晋升等体制,才可真正解决人才缺失的问题。

误区5:"医老"的经费缺口较大,需要依靠政府、社会及医疗保险逐步慢慢解决。这是一种消极等待的观点。殊不知,单纯等待只会积累与激化矛盾。通过"医老"结合医改,有计划地将预防置于首要地位,达到将重点前移,将医疗及健康服务转向基层以达到重心下移,将可缓解矛盾。同时,可创新性地引导老年群体及其子女群体主动消费,缓解"医老"的经费缺口过大之忧。

为创建中国新型的"医老"体系,提出以下建议。

(1)通过体制机制的改革与创新,在国家层面成立老龄化社会领导委员会,将分散于各部门有关老年社会科学、自然科学与医学的资源整合并强化管理;从国家层面进行领导与顶层设计与实施,有效提高"养老"与"医老"两者的效率。

(2)发挥并利用已有的医改成果,加强并实施"健康老龄化"(医老)体系,有计划地开展对老年疾病的流行病学调查及有关老年疾病的基础与临床研究,引领对相关疾病的预防、早诊早治,防止并发症,通过建立完整的系统工程,减少医疗资源浪费,达到事半功倍、人人享有较高医疗保障的目的。

(3)有目的、有计划、有步骤地凝练并发展老年医学学科。在全国范围开展不同层次的老年医学学科建设,提倡老年医学中传统医学与现代医学的学科交叉,培养专家及各种专科医护人才,从而不仅可解决老年群体的医学问题,还可立足于国际老年医学的制高点。

(4)发掘"医老"事业中的产业化发展方向,推进"医老"相关产业健康发展，包括老年群体的药物研发、医疗与辅助器材、疫苗、信息化服务等，选择老龄社会需要的优质产品授予品牌及政策支持与倾斜，拉动内需，形成新的经济增长点，为深化改革助力。

（原文发表于《科技导报》2017 年第 18 期）

第六章

科技传播

"科技传播"共选取 6 篇文章，从科普工作、期刊
发展等方面展示科技传播及创新的方法与动力。

韩启德，病理生理学家，中国科学院院士。现任北京大学教授。曾任全国人大常委会副委员长、九三学社中央主席、中国科学技术协会主席、第十二届全国政协副主席。主要研究方向为心血管基础研究。

当前科普工作要充分发挥
新媒体的作用

韩启德

广东是近代科学技术传入中国最早的窗口。16世纪，西方科学就随传教士从澳门经广州进入中国。早期走出国门的中国人许多来自广东，中国留学生之父容闳就是广东人，"睁眼看世界"让他们接触到最新的科学技术并带回国内，詹天佑就是他们的杰出代表。梁启超先生也是广东人，他提出废除科举制度、开办新式学堂、培养科技人才，开启了中国科技教育体制化的进程。他曾深刻论述学会对西方科技发展的重要作用，提出"今欲振中国，在广人才；欲广人才，在兴学会"，赋予了学会"科学救国"的重任。正是在他的倡导之下，中国各类学会大量涌现，开风气、广民智，在中国近代科技发展中发挥了重要作用。生于广东的建筑学家梁思成先生、物理学家马大猷先生、化学家梁树权先生、植物学家陈焕镛先生、生理学家蔡翘先生等，都为中国现当代科技事业的发展做出了突出贡献。改革开放以来，广东在中国科技领域再开风气之先，创新科研机制，广聚天下人才，形成了大量科研成果，并涌现了华为等一批世界一流科技企业。2014年，广东省有45个项目获得国家科学技术奖，创历年新高。这是广东科技界的骄傲，也是广东人民的骄傲。

当今世界，唯改革者进，唯创新者强，唯改革创新者胜。党中央国务院对新时期科技工作和科协工作提出了新的更高的要求。科协要紧紧围绕"四个全面"战略布局，认真落实中央关于深化科技体制改革的各项部署，助力"一带一路"战略的实施，努力在科技创新和经济建设主战场更有作为，并以改革创新精神谋划好"十三五"科协事业发展规划。要紧紧抓住新一轮科技革命和产业变革带来的重大机遇，充分发挥学会工作在科协工作中的主体作用，全面实施创新驱动助力工程。要紧紧抓住科技人才队伍建设这个关键，更加关心、关注科技工作者的工作生活状况，推动优化科技人才成长和创新环境，调动激发科技人才的创新创业活力，调整优化科协奖励结构，更多向青年和基层一线科技人才倾斜。要充分发挥群团组织的职责和功能，加强中国特色新型科技智库建设，推动工程师资格国际互认，积极参与和推进院士制度改革，逐步扩大学会有序承接政府转移职能试点，扎实做好创新评估试点工作，切实维护科技工作者的合法权益，积极推动中外科技人员交流，支持协助各个学会、地方科协参与国际合作，并在代表和组织广大科技工作者参与民主协商等方面发挥应有作用。

组织和推动科学普及工作是中国科协的重要任务。近年来，中国科协的科普工作取得了可喜的成绩，但与经济社会的发展和日益增长的需求仍不相称。加强和改进科普工作，需要多方面的共同努力，我认为，当务之急是充分发挥新媒体的作用。

当下，人们拿着手机和平板电脑，随时随地通过微博、微信分享身边出现的新生事物或者热点问题，表达对社会事件的看法。中国网民已达 6.5 亿，其中手机网民 5.6 亿，移动端应用已成为主力军。在微信平台上，平均每天人均阅读文章 5.86 篇。但大家也有怨言，认为网上有"四个太多"：一是道听途说的"八卦"谣言太多；二是缺乏理性的极端情绪宣泄太多；三是故作高深或假托名人的"心灵鸡汤"太多；四是违背科学原理的生活常识，尤其似是而非的养生保健知识太多。要改变这样的状况，需要在全社会弘扬科学精神，需要在网上更多传播科学思想、科学方法和科学知识，对此中国科协责无旁贷。同时，我们的科普工作不能再墨守成规，满足于传统的途径和手段，而要充分发挥新媒体的作用，让群众自发参与，乐在其中，而不是被动接受。只有这样，科普工作才有可能取得好的效果。

2014 年，美国导演克里斯托弗·诺兰执导的科幻影片《星际穿越》在国内上映，由于这部影片是以太空穿梭和时空旅行为题材的，涉及大量物理学前沿理论，很多观众看不懂。这时，"看懂《星际穿越》必备科普常识"等链接在微信朋友圈里广为流传。这些文章解释了什么是黑洞、虫洞、五维空间、弹弓效应、引力红移等前沿概念，使很多人获得了相关的宇宙科学知识，因而很受欢迎。

这些科普小文章，有的是美国人为配合电影发行制作的，有的是国内记者改写或采写的，但我没有看到一篇文章是由中国某位科学家或某个学会发表的。作为中国科协主席，我多少有些失望。科普是科协的职责之一，是我们的一个主业，但我们"该出手时没出手"。在人人都是"麦克风"的新媒体时代，尽管每个人都有发表言论的机会，但只有最优质的信息资源才能脱颖而出，获得指数级传播。现在，我们很多学会、地方科协都有自己的科技成果信息库，海量的信息资源"养在深闺人未识"，这非常可惜。酒香也怕巷子深，怎么通过新媒体把这些沉默的优质科普资源用好用活，使它转化成能在群众中广为传播的科普信息，是摆在我们面前的现实课题。

2014 年 6 月，中国科学院官方"中科院之声"微博、微信正式开通，公众可以通过这个平台和中国科学院进行交流互动。我们科协在科普工作上要有危机意识，要有紧迫感。下一步，要鼓励相关学会、地方科协开设微信公共账号和客户端，定期发布科学信息，并结合当下公众关注的科学问题，邀请科学家和科普作家撰写深入浅出、生动有趣的文章，制作大众喜见乐闻的声像作品，通过我们的平台发布出去，为公众答疑解惑、增长知识。同时，对于新媒体上出现的大量戴着科学帽子的伪科学谣言也要及时澄清，并有针对性地传播正确的、有说服力的科普知识，以正确引导舆论。

国家经济的转型升级需要科技，中华民族的伟大复兴需要创新。中国科协作为党领导的人民团体，作为广大科技工作者的群众组织，要强化桥梁纽带作用，紧跟时代步伐，用创新的思维、创新的手段、创新的方式推进工作，着力提高履职能力和社会服务能力，让科技人员在改革发展的浪潮中大显身手、勇立潮头。

（原文发表于《科技导报》2015 年第 13 期）

周忠和，古生物学家，中国科学院院士，美国科学院外籍院士。现任中国科学院古脊椎动物与古人类研究所研究员。主要研究方向为中生代鸟类、相关地层学以及热河生物群的综合研究。

科普，永远在路上

周忠和

2016年是中国科普工作不平凡的一年，科普的重要作用被历史性地提升到国家战略的高度。国家主席习近平在2016年5月30日召开的"科技三会"上提出，"科技创新、科学普及是实现创新发展的两翼，要把科学普及放在与科技创新同等重要的位置。没有全民科学素质普遍提高，就难以建立起宏大的高素质创新大军，难以实现科技成果快速转化"。与此同时，科普工作也取得了亮眼的成绩：一批新的优秀科普作品和人物涌现，一批新的科普场馆建成、科普机构设立，形式多样的科普活动举办，还有新媒体科普的成长。这些都点燃了公众对科学更高的热情和希望。然而，国民科学素质的提高，路还依然漫长；一批谣言被科学粉碎的同时，伴随的是一个又一个新的谣言的诞生；优秀原创科普作品尚为稀缺；科技人员的科普动力依然不足；科普的产业化还未形成大的规模。

这些都是科普工作长期以来面临的难题。

说起科普，人们可能首先想到的是科技人员。科技工作者如何发挥科普的作用？无疑，科学家最了解最新的知识、最前沿的科学进展，而且他们最有资格告诉公众，科学是不断发展的过程，还有很多问题是当今科学没有解决的（譬如地震的准确预测）。科学家有义务利用掌握的知识主动发声，解答国民最为关心的热点科学或相关社会问题，揭露伪科学；他们最好还能具有良好的与公众沟通的能力，从而树立科学家良好的社会形象。

然而，科普毕竟不是科学家的主业，而且也不是每一个科学家都擅长的工作。如何鼓励更多有意愿、有能力的科学家去做科普？科技评估的杠杆作用显然是不可缺位的。除此之外，一个成熟的科普市场无疑能够激励更多的人投身科普的事业。因此，发挥政府（经费投入、政策导向）、市场（运作）、个人（知识）三者的合力才是最为重要的。中国并不缺少人才，真正缺少的是如何发掘人才潜力的氛围和环境。中国也不缺少科普的受众和市场，科学普及的内容可以高大上，但更需要接地气的"下里巴人"。老百姓最为关心的子女教育、食品、健康、环保、安全等内容，都能成为科学普及的重心。

科普事业离不开科技工作者，然而更需要全社会广泛的支持：专业的科普工作者、教师、医生、媒体从业者、科普爱好者、专业或行业学会、企业等，他们能汇聚真正庞大的科普队伍与力量。甚至政府官员都可以是科普的重要力量，我曾经提出，政府官员最需要接受科普，他们对科普的推动作用在当今的中国尤其重要。

传统的科普作品虽然还有很大的提升空间。同时，信息时代涌现出的新平台更需要大力、深入地开发、利用。信息化的快速发展，让我们日益感受到新媒体、自媒体的强大，博客、微博、微信平台的影响力还在不断加强。这些平台，如果科学不去占领，伪科学就会自动滋生长大。

科学普及事业的成功，还离不开中国教育的改革。社会需要把我们的下一代从应试教育与过度的升学压力中解放出来。家长与教师应当帮助同学们树立一个正确、健康的人生观：一个人能否健康成长，未来成功与否，幸福指数的高低，不是仅仅靠高分、名校的头衔所决定的。否则，素质（包括人文与科学）教育可能就沦为一句空话。

说到教育，我们不该忘记：科普本身就是一种教育。如果把科学传播理解为知识的灌输，那将是十分狭隘的。科普的任务不仅仅是给大众传播科学的常识，更重要的是传播科学的精神。所谓的科学精神，在我看来，至少应当包括：对事实的尊重，理性的质疑，科学的逻辑思维、推理，对事物的客观判断，以及宽容失败的文化。

科学家不仅要具备对科学的执着，还要富有人文精神。科普也当如此，唯有以人为本，寓教于乐，勿忘真、善、美，恐怕才能发挥最大的教育功能。科学与艺术的结合，能够让人感受到科学之美；科学对真理的渴求，起步于做人的诚实与诚信；科普还应当告知公众，科学不是万能的，科学研究还需受到科学伦理的约束。科普如果仅仅关心科学的实用性，而忽略了科学与人文精神的结合，那么这样的科普教育在我看来也不能算得上成功。

（原文发表于《科技导报》2017 年第 3 期）

胡海岩，力学专家，中国科学院院士，发展中国家科学院院士。南京航空航天大学航空宇航学院教授。曾任北京理工大学校长。主要研究方向为航空航天领域的非线性动力学、多柔体动力学、结构振动控制。

论著署名：客观、贡献、责任

胡海岩

学术界普遍以论著及其影响力来评价学者。因此，论著署名成为与众多学者职业发展直接相关的热点问题，一些浮躁心态和违规行为也相伴而生。

一方面，有人凭借其权力或影响力在并无多少学术贡献的论著上署名或占据超出其贡献的署名顺序。例如，有些研究团队负责人在团队成员发表的所有论著上署名，人尚未到中年，却已论著等身。又如，有些指导教师将研究生、博士后作为廉价劳动力，按照自己制定的"潜规则"将他们的研究成果据为己有，或在他们撰写的论文上将自己署名为第一作者。再如，个别大学竟然明文规定，研究生发表论文时其导师应为第一作者，把违背科学道德的"潜规则"变成"内部制度"。

另一方面，有人将论著署名作为"人情社会"的重要礼物，以此谋取"跨越式"发展。例如，有些人出于晋升职称、获得奖励的需求，在学术团队内部或合作伙伴之间私下赠送论著署名权、调整论著署名顺序。又如，有些团队负责人对团队成员之间的著作权进行"统筹规划"，以确保这类"礼尚往来"取得"最佳成效"。再如，有些媒体误导公众，赞扬某学术前辈为了"提携"后人，放弃在具有主要学术贡献的论文上署名。

在中国学术界，诸如此类的论著署名乱象比比皆是，对本该神圣和纯洁的学术生态造成了严重的干扰和破坏，导致众多处于弱势群体的青年学者、研究生敢怒而不敢言。这极大地挫伤了他们的工作积极性，泯灭了他们的学术创造性。甚至使他们在学术生涯之初就无奈地接受这样的"潜规则"，并将这类恶习继续"传承"下去。

在20世纪之前，科学家属于自由职业者，大多独自从事个人感兴趣的研究。因此，他们既无多少论著署名的纠纷，更无根据其论著署名接受学术评价的压力。20世纪以来，科学研究的团队化特征日趋显著，论著署名及其排序也日趋复杂。与此同时，政府和学术机构均建立了基于论著及其影响力的学术评价和奖励机制，给学者们带来了荣誉和动力，也带来了诱惑和压力。因此，如何在论著署名中体现著作权归属、如实反映学者的贡献，成为一个非常复杂的学术管理问题。

在如何看待论著署名这个复杂问题上，取得共识的思想基础是回归论著的本质。我认为，论著既反映作者的学术贡献，又体现作者对人类文明、科技发展和人文关怀的多重责任，更记录下作者探求真理的真实历程，甚至记载下某些尚未发现的谬误。因此，是否在论著上署名应遵循3项原则：一是客观反映研究过程，二是具有学术贡献，三是能够承担责任。至于署名顺序，除了少部分学科以作者姓名字母排序之外，多数学科是按照作者的学术贡献大小排序。在此基础上，许多期刊采用通信作者来体现研究项目负责人对论文负第一责任，有的期刊则要求注明每位作者的学术贡献。

我们应该看到：论著署名不仅是学术规范问题，更是学术道德问题。

虽然近代以来人类学术活动的模式发生了重大变化，但科学精神作为其基石绝对动摇不得，也改变不得。学术论著犹如人类建造科学大厦的基石和砖瓦，每一篇论文、每一部著作都决定着大厦是否坚实稳固，是否抵御风雨。论著署名规范与否，是科学精神的重要体现，既容不得以"潜规则"为由侵权，也容不得无原则礼让馈赠。这是科学精神在系统末梢的灵敏反应。能否敬畏和弘扬科学精神，决定着中国科学技术的发展前景。

我们应该看到：规范论著署名是明晰知识产权归属的重要环节，而知识产权保护是建设创新国家的制度保障。《中华人民共和国著作权法》自 1990 年颁布以来，历经 3 次修正，包含了对论著署名权责的详尽表述，署名权既不能侵犯，也不能转让。但目前全社会对知识产权保护的理解还远远不够，甚至漠视无形资产的正当权益。在大学这样的基层学术机构中，要用法制建设保障学术道德建设，为学者的思想意识增加一道法律防线，以抵御功利主义对科学精神的侵蚀。

我们应该看到：论著署名不规范只是表象，其背后诸多深层次的成因更值得关注。论著署名不规范折射出学术界浮躁之风弥漫、急功近利盛行。多年来，政府和学术界惯于依靠各种评优来催生创新成果，但成效并不理想。现在应该给学者们"松绑"，使大家像学术前辈那样潜心治学。同时要抓紧改进和完善学术评价体系，规范论著署名。开展这些工作迫切需要全社会的密切协同，有关政府部门、高等院校、科研院所、专业学会、学术期刊、出版商等负有重要责任，而做好顶层设计至关重要。

（原文发表于《科技导报》2014 年第 28/29 期）

汪景琇，太阳物理学家，中国科学院院士。现任中国科学院国家天文台研究员。主要研究方向为太阳磁场和太阳活动研究。

发展、培育和呵护中国自己的英文科学期刊

汪景琇

发展、培育和呵护中国自己的英文科学期刊，创办中国有独立知识产权的国际一流学术刊物，是当代中国科学家的责任。

常常有同事问我，国际上已经有了那么多一流的学术期刊，我们何必费那么大的力气再去办刊？我不知道该怎样直接回答这一问题。但是，一个不争的事实是，凡是有一流科学期刊的国家或地区，都有一流的自然科学研究；凡是有一流自然科学研究的国家或地区，也总有最好的科学杂志。那么照此逻辑，从国内科学期刊的现状来看，中国就应当在基础科学研究上永远处于二流或三流的地位吗？

科学期刊是新知识和新科学思想的载体和传播媒介。一篇科学论文在杂志发表，其包含的新的科学思想、科学方法和所创造的新知识得以

传播、启迪和推动他人的接续研究，并使结果得到独立的检验、证实或证伪，包括扬弃、提炼或升华，被收入人类知识的宝库。一个好的科学期刊是展示科学成果的殿堂，是学术交流和学术论争的讲坛，更是培育好的科学传统和优秀研究团队的学校。作为科学工作者，我们最初的研究工作，常常是从读杂志上一篇好的论文开始的。20 世纪以来天文学领域诺贝尔物理学奖的成果，几乎全部发表在 1895 年创办的美国《天体物理学杂志》（*The Astrophysical Journal*，ApJ）上。这一杂志对观测发现和新物理思想的崇尚，对美国和全世界的天文学研究产生了持续影响。中国为什么不应当和不能有这样优秀的期刊呢？

中国学者支付了双份的费用（版面费和订阅费），先使自己辛勤劳动的成果得以在外刊发表，再通过订阅得以获取这些信息产品。作者还必须签署一个版权声明，把自己成果的版权转让给杂志社。尽管名义上版权是杂志社和作者共有，但当作者要引用其论文图表时，还必须征得杂志社同意。这意味着中国学者大部分的研究成果的版权在外国学会和杂志社手里。不能不提到，这些杂志通常有自己的价值取向，与之相悖的论文是不可能被接受的。在这个意义上，中国学者往往会丢失在科学发现上的首发权和对学术成果的话语权。这种令人尴尬的状况难道不应改变吗？

中国的英文 SCI 检索期刊，不到国际总量（8000 多种）的 2%，且绝大多数影响力低迷，处于影响因子国际排名的后 50%，这可能部分反映了中国基础研究的现状。一本杂志的影响力，实际是由其作者群的研究水平决定的，我们无法希求超越作者学术水准的影响力。近年，中国基础研究水平有显著提升，论文数大幅上升，质量也有相当的提高。然而，中国杂志学术水准的提升却显著滞后，究其原因，我们对科学家和研究群体评价体系的内禀缺陷可能首当其冲。我们对自己的英文期刊不是扶植、培育和呵护，而是多少有些自我歧视。很多研究机构对发表在国外和国内 SCI 检索杂志的论文给予不同的评价和奖励；学位和职称的评定也常常区分国际和国内 SCI 论文；也有按发表杂志的影响因子来对作者进行评价的。对一篇科学论文，应当忠实地考察其本身的学术价值和影响，而不应以发表刊物是国内与国外作评定标准。而发表论文刊物的影响因子也不能作为对论文本身和论文作者的评价标准。2013 年影响因子为 6.280 的 ApJ 在 2011—2012 年的论文有 7% 是零引用的；影响因子为 4.288 的欧洲刊物《天文学和天体物理学》（*Astronomy and Astrophysics*）近 10% 论文是零引用的。好文章无论发表在国内还是国外都会得到广泛引用和正面评价。中国科学家任治安等 2008 年在中国期刊《中国物理快报》（*Chinese Physics Letter*）上发表的铁基超导研究，已经得到 1000 次以上的同行引用（按天体物理数据系统 ADS 统计）。我们为什么不能公平正直地按研究成果本身，而不是按杂志的影响因子来评价呢？

中国文献情报部门对杂志按影响因子大小进行分区，在学术界起着相当的引导作用。中国的 SCI 检索杂志绝大多数落在后半部分的第 3 和第 4 区。也许，按影响因子大小排序对杂志分区无可厚非，但是这样做却缺少了一点分析。例如天文学被排在一区的 2 个杂志，都不是发表最新原创性研究的主流杂志。2013 年影响因子排在前 6 位的天文学杂志，其中 5 个是评述类，年发表文章数从 5~28 篇不等，不能代表原创性研究期刊。是否可同时考虑发表论文多少等因素，并对中国期刊给予一个较为有利的分区，以吸引国内的优秀稿源？

按照中国科学院院士王鼎盛发表在《物理》杂志的统计研究，中国自然科学研究领域的论文数量和质量已经有了足以支撑较好的科学杂志的实力。中国学术领导机构和学者对待学术期刊的态度，成为中国能否办好自己的科学期刊的关键。2006—2010 年，中国物理学界发表了93845 篇 SCI 检索论文。其中，虽有 13.3% 见于国内五大物理学期刊，但是有较大影响的论文发表于中国刊物的比例只有 0.7%。天文学界情况与此类似。毫无疑问，应当鼓励中国学者在国际最顶尖的杂志发表研究成果，参与国际学术竞争。只要中国学术界不是歧视，而是扶植我们自己的刊物，只要大家能将一部分较好的论文投寄到中国的英文杂志，中国期刊的影响就不可能如此低迷。国家投入巨资的重大科学设备和研究计划，其最初和最重要的研究成果发表于本国期刊，体现着中国作者和研究群体的学术尊严。多国科研管理机构对此甚至有明确规定，各国学者大多也是这样做的。比如，日本天文学重大设备的最初原创性成果，都作为快讯发表于本国天文学会会刊 PASJ，使其影响因子排在亚洲天文杂志之首。我们为什么做不到？中国自然科学基础研究起步较晚，英文学术期刊的发展比欧美国家迟得太多。本来就无传承，又不加以扶植，中国学术期刊立足之地何在？

在中国基础研究快速发展的今天，中国科学期刊的发展不但有了基础，也为国际态势所压迫。请努力扶植中国自己的英文学术期刊。中国科学界有责任为创办最好的国际学术期刊努力和奉献。

（原文发表于《科技导报》2015 年第 9 期）

刘忠范，物理化学家，中国科学院院士，发展中国家科学院院士。现任北京大学纳米化学研究中心教授。主要研究方向为石墨烯材料和纳米化学。

中文科技期刊的独特使命
——谈中文科技期刊的发展

刘忠范

科技期刊是承载学术成果的主要载体，可以反映一个国家的科技影响力。目前，国内对一本科技期刊的评价一般主要基于影响因子，影响因子越高的期刊，其学术水平就越高，影响力就越大。这是一个普遍被认同的观点。在高度国际化的今天，中国的科技期刊也要走出国门，面向世界。然而，不可否认，中国的科技期刊整体上在国际处于劣势地位，影响力较弱。

中国科技的发展突飞猛进，已经成为科技论文产出大国，但在以SCI期刊为重要评价指标的考评体系中，中国的优质论文纷纷外流，呈现了"一流稿件投向国外期刊、二流稿件投向国内一流期刊、三流稿件投向国内其他期刊"的景象。为了争夺国际话语权，中国实施了多项资助计划来支持中国科技期刊的发展，并取得了一定的成效。然而，这些资助计划基本都是针对英文科技期刊的，对于既缺乏优质稿源又缺乏资助的中文科技期刊来说，其发展之路就更加"泥泞"。这里主要从办刊的角度来谈谈中文科技期刊的发展。

1 明晰自己的角色定位

中文科技期刊，应该主要是面向中国人的科技期刊，当然也可以考虑庞大的海外华人市场。中文科技期刊的学术定位，未必是要作一个国际化的工具。中国有将近 14 亿人口，不熟悉英文的不占少数；而且，在中国的学术界中并不都是精通英文的一流学者，还有大批普通科技工作者及大学生、研究生，中文科技期刊应该让这些人也能够了解中国的学术进展。从这个意义上讲，中文科技期刊的角色定位，首先应该是向中国人传播科学的途径，而不是扩大国际影响力的工具。要扩大国际影响力，只要办几本优秀的英文科技期刊就可以了。

2 聘用真正发挥作用的编委会

中文科技期刊应该聘用真正发挥作用的主编、副主编与编委。目前，中文科技期刊聘用知名的科学家担任主编、副主编和编委，这一点无可厚非。但是，不能仅仅满足于名人效应。如果编委会成员都只是挂名，那么谁来真正为刊物效力，又如何能够确保刊物质量呢？反观国外主流期刊的主编、副主编与编委，他们是非常敬业的，能够把期刊工作作为自己工作的重要组成部分，投入了大量的精力。因此，中文科技期刊的办刊应该回归学术本身，主编、副主编与编委都应该为期刊做实事，各司其职。我们应该虚心学习国外主流期刊的办刊经验。

中国可以推出"千人计划"，用百万年薪引进人才从事科学研究，我认为也可以花同样的气力引进百万年薪的"千人"主编甚至是外籍主编。中文科技期刊主编应该让既有学术水平又有热情和精力投入的人来做。此外，我们不得不承认，许多中国科学家对论文评审不够严肃，审稿意见常常是抽象的几句话，有时还让人感觉"莫名其妙"，很难作为判断的依据，缺少科学精神和社会责任感。

3 保证较高的学术水准

中文科技期刊必须保证其学术水准，其影响因子不应占据全部的关注。影响因子低的期刊并不等同于刊登的论文水平很差。我曾经在日本生活了近 10 年，也经常浏览日文科技期刊，比如《化学》《日本化学会志》《电气化学》等。不可否认，日本的基础研究和科技发展水平较高，2000 年以来已经有十几位诺贝尔自然科学奖获得者。但是，日文期刊影响因子也不高，学术影响力也不大。而这些期刊的学术水准并不差，编辑水平也很高。目前，英文是学术交流的主要语言，我们不能期待中文科技期刊在国际上有很大的影响力。但是，影响力不强并不能说明其学术水平不高。只要期刊保持应有的学术水准，准确报道最前沿的学术信息，我认为就足够了。

总之，中文科技期刊有自己独特的使命，应专注于向中国人传播科学，充分发挥编委会的作用，并保证较高的学术质量。中文科技期刊不需要与英文科技期刊去比较，它有自己的一片天地。

（原文发表于《科技导报》2017 年第 21 期）

杨卫，固体力学家，中国科学院院士。曾任国家自然科学基金委员会主任。主要研究方向为微/纳米力学、断裂力学与本构理论、智能材料与结构力学、航空航天结构与材料等。

科技期刊云
——创新驱动的全球公益源

　　创新驱动有三类源头。第一类源于机制和体制的变革。这既包括技术性变革，也包括管理性变革，它们可以释放体系积累的能量。第二类是专利。专利一方面保护了知识产权，另一方面，根据转化所掌握的技术向科学研究工作提供了一种赢利性的创新驱动之源。第三类是科技期刊。科技期刊与专利不同，它是公益型创新驱动之源。对于全世界所有的科技期刊来说，科技工作者通过阅读查询科技期刊所刊登的各项数据，从而获得创新驱动的源泉。

　　1664年，英国人亨利·奥尔登伯格（Henry Oldenburg）创办现代科技期刊时提出，任何一种期刊都具有四种出版人的角色，即记录原创、印章认可、传播知识和保存文献。这是传统意义上四种出版人的角色。

对科技期刊来讲，无论将来如何发展，它都有三种本性是不变的。第一种是很强的记录性。科技期刊的发展，是堆砌式的前进，每一篇论文都是给正在崛起的科技大厦所砌的一块砖，这一块块砖并不是悬在空中，而是在充分引用前面文章的基础上再向上累积，发挥作用。这种记录性使它具有历史回顾的功能，比如根据引用序次去溯源原始创新。现在国际上很多期刊和出版集团都在利用这一属性来说明哪一项是原始的创新，而且还会据此来预测诺贝尔奖得主等。第二种是传播性。科技期刊要想吸引更多读者，追求更大的学术影响力，无论是数字化的发展、开放获取的发展，还是通过期刊、出版社或出版集团现有的资源来提供核查，都要利用它的传播性，使得科学技术成就能够更及时、可靠、深入地传递给每一位科技工作者。科技期刊发展到今天，可以历史回溯其整体情况。绝大部分期刊都已经能够把这样的历史回溯数字化。在这种情况下，科技期刊的第三种本性即统计性也出现了，它提供了具有结构性的大数据，既可以以期刊为结构载体，也可以以主题、关键词和引用关系作为结构。在互联网尚未出现的时代，人们往往通过一本一本地阅读期刊来了解同行已经取得的研究成果，而现在却通过关键词匹配以及各种搜索引擎来获得所需要的科研数据。于是就出现了各种工具，对这些数据进行2次开发、3次开发，同时也开始对科研机构的科研数据进行统计和分析，比如：对期刊影响因子的评价、分学科影响因子的评价等，并且这些统计和分析数据会汇总形成有规律的图表，供科技管理者使用。

一般的评价数据会经常出现跳动，但是基于科技期刊出现的很多评价数据却往往具有统计稳定性。笔者曾利用2010年11月—2013年9月的数据对亚洲大学学术影响力排位进行分析，得出日本的大学和研究机构近10年累计学术影响力在全世界的排名虽然较高，但是基本呈缓慢下降趋势，比如，东京大学从3年前的第15位已经下降到今年的第19位，京都大学从第30位下降到第39位；而中国主要大学中，虽然论文的引用率情况比较落后，但是大部分大学的学术影响力在过去3年间飞速上涨，有些上涨幅度在 100 位左右，发展速度非常惊人。根据这些数据可以预测，在 3 年或 5 年以后中国高校在学术影响力上可能到达的排位。此外，通过对科技期刊数据的分析，也可以看出，中国高校学科交叉的情况与美国相比仍有很大距离。

科技期刊有 3 个内在的发展规律。一是有自清洁性。科技工作者会不断地发表文章并且对以前已经取得的科研成果进行核对，即科技工作者的工作既要对前面已经取得的科研成果进行引用，也要对它进行校验。如果已经取得的科研成果没有价值或者是错误的，就会很少甚至没有人引用。所以，后人对待前人已取得的科研成果自发具有批判式继承的作用。论文的引用，不仅可以反映学科是怎样发展的，同时也使得科技期刊本身具有自清洁性。二是有自激励性。自激励性主要表现在科技期刊之间的竞争，无论是同行还是非同行，竞争都会非常激烈，比如：影响因子之争、发行量之争等，因此，科技期刊的发展具有自激励性。三是有一定的结构性。《自然》杂志可以分成 3 个层次，成为一个系列；中国的《中国科学》现在也成自一个系列；此外，IOP 和 APS 这 2 个在物理学科方面最大的出版集团也以系列的形式出现。所以科技期刊既有聚类的性质，也有分化的性质。在出现新学科以后，一个新的期刊谱系也会出现。因此，科技期刊的分化和聚类同时出现，形成了整个科技期刊世界的演化。

关于期刊，以前可能有几个误区。比如一种说法是论文要写在大地上，只发表在期刊上没用。科学研究做在实地固然很好，但是从传播学的角度来讲，研究工作要做在大地上，研究成果要发表在期刊上。另一种说法是论文多没有用，且数量多会导致质量不高。中国的论文数量现在居世界第 2 名，引用数量居世界第 5 名，提前 2 年实现了"十二五"规划的目标。但是，科技工作者往往要先发表学术论文，然后才会有他人引用。因此，论文数量多了以后，其影响力才会随之提高。在动力发展过程中，影响力上升的过程往往会滞后论文数上升的过程 5~10

年。以浙江大学为例，我任浙江大学校长时，有人告诉我浙江大学化学方面的论文很多，我特意去查，又跟踪了一段时间，发现浙江大学在 ESI（Essential Science Indicators，基本科学指标数据库）的化学类论文数量居世界高校第 1 名。这是不是说明浙江大学的化学研究做得最好呢？肯定不是。但是，从统计数据可以看出，在论文发表数量快速上升的同时，化学论文的引用次数以更快的速度上升，排名由以前的第 200 余名变成现在的第 29 名，并且还有上升的趋势。浙江大学的 SCI 论文年度数量达到 2000 篇时，篇均引用率在 4 左右。而 2013 年前 10 个月，SCI 论文数量已经超过 7000 篇，篇均引用率已达到 7.58，并且现在论文引用次数的增长仍然快于论文数量的增长。浙江大学近 10 年的论文引用次数与之前的 10 年相比，提高了 20 倍。从这个例子很明显地看出，论文数量的增长固然很快，但是对其引用次数的增长就更快，只是它有一个滞后过程。

提到创新驱动和基础科学，就要考虑科学与技术的关系。两者间可能有 5 种关系，即科学源于、基于、用于、化于、高于技术。科学可以源于技术，比如美国机械工程师协会（American Society of Mechanical Engineers，ASME），美国电气和电子工程师协会（IEEE）所属的期刊都刊载源于机械工程和电气工程技术的科学研究。科学也可以基于技术，比如利用一种技术制备出新的天文望远镜，就可以用它来发现新的科学现象，射电天文学就是这样的例子。科学还可以用于技术，如在《应用物理快报》（Applied Physics Letters，ApL）、《纳米技术》（Nanotechnology）这类学术期刊上刊登的内容多属此类。科学也能够化于技术，有的时候是先有科学，再有技术，从科学转化成技术：比如，先有了关于原子能和核物理的科学，然后转化成了核技术，推动各种核能的开发研究。科学还能够高于技术，比如数学方面最好的学术期刊《数学年刊》（Annals of Mathematics）以及量子色动力学与超弦理论的研讨就是这方面的例证。可见，科学与技术有着非常丰富的关系。

科学基金资助的是科学研究，科学基金和科技期刊应该是什么样的关系呢？美国国家科学基金会主席苏布拉·苏雷什（Subra Suresh）在《科学》上写过 2 篇文章：《走向全球科学》和《培育全球科学》，倡导全世界的科学基金会要培育一种全球化的科学文化，并且形成一种机制。在他的倡议下，2012 年 5 月 15 日在美国科学基金会总部举行的峰会上成立了全球研究委员会（简称 GRC），成员来自全球 50 多个科研机构，其中包括中国科学院和中国国家自然科学基金委员会。GRC 以论坛形式运行，旨在讨论全球科研资助机构应该关注的重要问题，以促进国际科研合作。2013 年 GRC 会议在德国举行，有 2 个议题，一个是同行评议通则，另一个是全球的开放获取。2014 年的 GRC 会议在中国举办，全球开放获取仍然作为它的 2 个主题之一。GRC 成员思考的是，如何将科学家与出版集团的交涉转变为全球基金会与出版集团的交涉。因为若与出版集团交涉降低开放获取的代价，科学家出面往往会处于弱势的地位；如果全球的基金会开始资助这些基础研究，同时资助论文发表所需费用时，再与出版集团交涉，可能会降低开放获取的代价。

所以，我们应当营造一个创新驱动的全球公益源。公益源的主体是由学者和作者组成的学术共同体。几十个国家的科学基金会所资助发表的论文形成一个"库"，它的平台包括电子出版平台和 GRC 联盟，而学术共同体可以从中开放式地获取信息。在 2013 年德国的 GRC 会议上，各国基金会已经达成初步协议，将会形成一个公益性的全球科技期刊云，同时也提出了一个基本原则，能够及时提供可以公开获取的信息并且全球免费，要求所有受到这些基金会支持的文献在发表之后 12 个月内在对应的基金会网站上可以公开获取。如果能够形成一个全球性公益源，检索文献的途径将来就有可能发生改变。以前在印刷版时期，期刊论文在物理空间中进行检索；而现在，则是在"赛博"空间中进行检索，在 DOI 和数字图书馆中进行检索；将来，还有可能按照知识点，在语义空间的数据云中检索这些已经得到资助而发表的研究论文。

要实现这样一个目标，就要实现全球的公益源，这需要如下 5 个步骤。第 1 步是限时开放获取，或绿色开放获取。2013 年 GRC 各组成研究资助机构已经达成协议，限时 12 个月开放获取，这样可以提高论文将来被查阅和引用的几率。第 2 步是批量资助的即时开放获取，或金色开放获取。现在很多资助机构正与出版集团签订协议，形成各种利益共同体，批量资助的开放获取时间将不再是 12 个月，而是即时的，一经发表就可开放获取。第 3 步是建立基金资助开放获取的公益库。对于每一个基金所资助的开放获取的期刊，建立一个公益库，可以通过关键词或者关键点进行搜索，而且不需要让读者付出任何代价就可以看到科技论文或数据。第 4 步是达成众基金会资助开放获取的全球协议，解决如何共享他们所资助论文的问题等。第 5 步则是建立在知识语义检索下的全球公益源。

朱熹曾说，"问渠哪得清如许，为有源头活水来"。我相信，如此形成的科技期刊云会成为创新驱动的全球公益源。

（原文发表于《科技导报》2013 年第 36 期）